城市规划快题考研高分攻略

手绘表现案例解析

杜　健　江宇杰
孔寒涛　吴英豪　编著

广西师范大学出版社
·桂林·

图书在版编目（CIP）数据

城市规划快题考研高分攻略：手绘表现案例解析 / 杜健等编著 . —桂林：广西师范大学出版社，2023.7
ISBN 978-7-5598-6073-6

Ⅰ .①城… Ⅱ .①杜… Ⅲ .①城市规划 – 建筑设计 – 研究生 – 入学考试 – 自学参考资料 Ⅳ .① TU984

中国国家版本馆 CIP 数据核字 (2023) 第 094965 号

城市规划快题考研高分攻略：手绘表现案例解析
CHENGSHI GUIHUA KUAITI KAOYAN GAOFEN GONGLUE: SHOUHUI BIAOXIAN ANLI JIEXI

出 品 人：刘广汉
策划编辑：高　巍
责任编辑：孙世阳
助理编辑：马竹音
装帧设计：六　元

广西师范大学出版社出版发行

（广西桂林市五里店路 9 号　　邮政编码：541004）
（网址：http://www.bbtpress.com）

出版人：黄轩庄

全国新华书店经销

销售热线：021-65200318　021-31260822-898

恒美印务（广州）印刷有限公司印刷

（广州市南沙区环市大道南路 334 号　邮政编码：511458）

开本：889 mm×1194 mm　　1/16

印张：10　　　　　　　　字数：110 千

2023 年 7 月第 1 版　　2023 年 7 月第 1 次印刷

定价：68.00 元

前　言

目前，城市规划行业的前景相较于十几年前的城市建设时期，无疑略显"暗淡"，从业人员的主要对口出路——规划设计院竞争激烈，行业方差极大，通过考研深造拿到规划"老八校"本科以上的学历，才能拿到大型规划设计院的敲门砖。就目前国内城市规划专业的考研形势来看，报考人数逐年增多，快题的考试内容日趋综合化，并与规划实务衔接得更加密切。加之其有别于建筑设计，需要对城市的规模、性质、发展重点进行定位，并通过城市土地的规划、空间布局的设计、实施政策的指引来完成城市的发展目标，因此，城市规划考研快题的考查要求也越来越高。

城市规划快题设计，指在规定时间内针对规划设计任务书，完成相对完整、清晰，映射设计者规划意图的方案图纸，通过对规划设计条件的综合分析，进行快速构思，以及合理的空间组织与手绘表达。这就要求设计者有专业的综合能力，也需要一定的表达技巧。作为当下各高校设计专业研究生入学考试与设计院入职测试必考的科目，同时又区别于实际项目设计，快题设计的考查要求随着国家政策与高校研究的变化，也在不断转变。

全书主要有七大部分，第一部分为城市规划快题设计初识，主要介绍城市规划快题设计特征、常见考查类型与表达方式；第二部分为城市规划相关规范与基础知识；第三部分为制图方法与版式设计；第四部分详细介绍了城市规划快题常考类型，及对应的解析思路与空间体系布局；第五部分选取城市规划快题典型例题进行解析示范，供广大读者参考学习；第六部分为优秀快题作品参考；第七部分为考研经验分享。

本书以快题设计特征初识与城市规划设计相关规范作为切入点，以期帮助设计者快速了解城市规划快题的平面与空间构成，再结合各板块设计基础原理，对常考热点专题进行思路解析，进而有效衔接快题基础知识与考场思维。本书所展示的快题作品均为笔者所在机构的教师与学员在有限的时间内完成的，在细节刻画和图幅表达方面存在些许稚拙之处，还望广大读者批评指正，以此鞭策我们不断追求卓越。

最后，不必行色匆匆，不必光芒四射，不必成为别人，做自己觉得对的事！

江宇杰

目　录

1

城市规划快题
设计初识

1.1 城市规划快题设计特征

城市规划快题的全称为城市规划快速设计考试，由于时间、规模、深度的限制，一般只涉及详细规划、城市范畴的部分内容。城市规划快题设计注重整体的设计理念，而不拘泥于细部的刻画，这一点有别于景观设计和建筑设计。

城市规划快题强调有重点、有层次地组织三维的城市空间，而非二维的平面设施。同时，它也不同于平时的规划课程设计，需要设计者在有限的时间内，通过对规划设计条件的综合分析，进行快速构思，并进行合理的空间组织与手绘表达。城市规划快题注重设计者的专业综合能力，也需要一定的表达技巧。也就是说，即使课程设计做得好，快题也不一定会得到高分，中间还需要一个衔接——快题思维。

所谓快题思维，即运用所学的规划理论及相关的专业技术基础知识，通过反复练习和总结，掌握短时间内分析问题与解决问题的能力，并且将设计成果快速、完整地表达出来。因此，规划设计者要有效利用有限的时间，有的放矢，抓大放小，突出重点。

毋庸置疑，扎实的专业基础知识是做好快题设计的关键，基础不牢，很可能会出现"硬伤"。在规定的条件下与时间内，设计者需要充分调动已储备的专业知识，寻求符合题意的最佳方案。

1.2 城市规划快题常考类型

城市规划快题考试通常会涉及表 1-1 中的 8 个类型，并且以专题知识延伸，除校园和概念规划外，其余都为重点考查内容。

表 1-1　城市规划快题常考类型

常考类型	专题知识
居住区	须注意政策变化引起的传统居住区设计内容的转变
城市中心区	多为城市 CBD 地段，侧重考查功能融合地区的综合设计能力
校园	考查概率较小，功能较为单一
综合园区	多为文创园、科技孵化园、总部基地等类型
城市更新	可结合其他专题类型综合考查，注重新旧格局之间的并蓄交融
历史地段	关于历史文化保护遗产方向，侧重空间优化策略
旅游小镇	小城镇建设结合文旅特色进行综合考查
概念规划	近年快题综合改革趋势，考查内容为"控规＋详规"，结合策划分析考查，考生须重点关注

近年来，研究生报考人数增多。因此，研究生入学快题考试总体呈现以下形势：考查专业化，更

加注重专业知识的综合运用；思维灵活化，构思具有可行性的方案；策划全面化，对考生要求更高，需要提出综合策略。

1.3 城市规划快题设计要求与表达深度

1.3.1 设计要求

城市规划快题通常分为 3 小时和 6 小时快题，表现方式和设计要求如表 1-2 所示。

表 1-2　城市规划快题表现方式和设计要求

考试时间	3 小时	6 小时
表现方式	铅笔底稿；墨线成稿；马克笔表现（部分院校要求不上色或要求用硫酸纸）	
设计要求	1. 充分利用场地自然环境，妥善处理城市空间与环境要素之间的关系 2. 合理布局各用地性质与功能业态，表达建筑组合的空间意象 3. 满足规范与设计标准的要求 4. 适当满足建筑美学要求以及设计的合理性	

（1）图纸内容

图纸内容包括"三图三字"，其中，"三图"指总平面图、表现图、分析图；"三字"指标题、设计说明、技术经济指标。

（2）能力要求

① 综合分析能力

设计者要具备一定的综合分析能力，根据给定的现状基础资料，提炼出关键信息，抓住设计重点，从而理解题目意图。任何一个设计都是特殊的，需要结合特定的环境展开，如项目区位、周边区位、自然条件、城市定位等，务必仔细阅读、理解题目，进而在快题设计中有所体现。

② 快速构思方案的能力

一个完整的方案构思需要考虑用地功能布局、道路交通组织、建筑群体空间与外部景观环境的整体塑造。方案构思不仅要"快"，还要"准"，即快速抓住要点，有效地契合题意，突出设计特色。

③ 场地、空间意识

尺度，对设计者而言是最基本的语言，反映在城市规划快题上的场地、空间意识更是如此。场地意识要求设计者在进行规划设计时，重视基地与四周用地、环境之间的整体、合理、和谐衔接。空间意识要求注重人性化的设计，把人的活动放在首位，以此组织用地空间布局。城市规划快题设计的比例一般为 1：1000（或 1：1500、1：2000），因此在设计中，要特别注意空间感，避免尺度失衡。

④ 快速表达图纸的能力

正确、完整、清晰地表达设计成果也很重要。图纸效果是设计成果的直观表达，良好的手绘效果能更好地表达设计者的意图，同时给人赏心悦目的感受，无疑具有锦上添花的作用。

1.3.2 表达深度参考

在平常的快题练习中，可能无法很快做到在 6 小时内完成，所以，通常可以从初学的 12 小时开始，逐步压缩至 10 小时、8 小时……各阶段时间也可以按照练习规定的时间进行成比例的调整。表达深度参考见图 1-1 ～图 1-4。

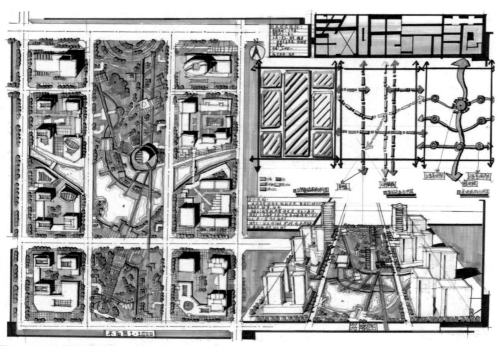

图 1-1　6 小时快题墨线表达

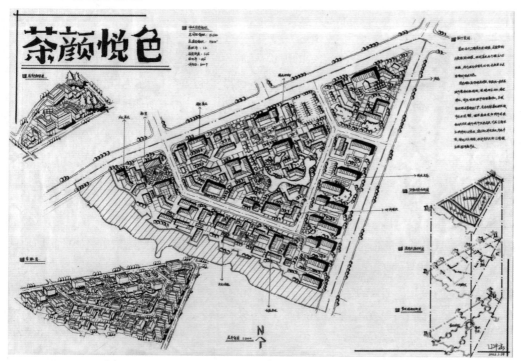

图 1-2　6 小时 A1 快题策划表达

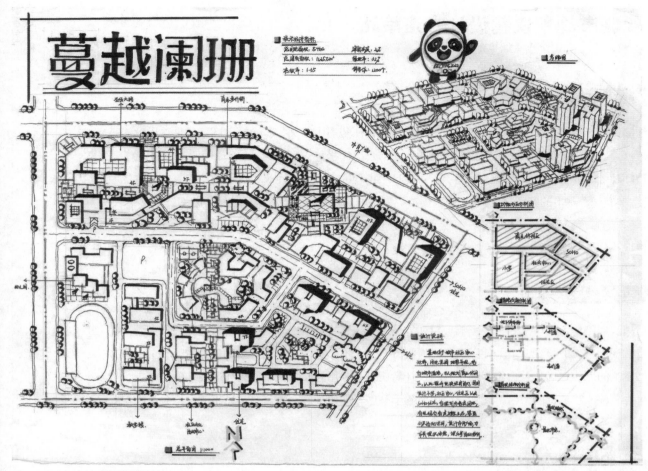

图 1-3　3 小时 A2 快题墨线表达

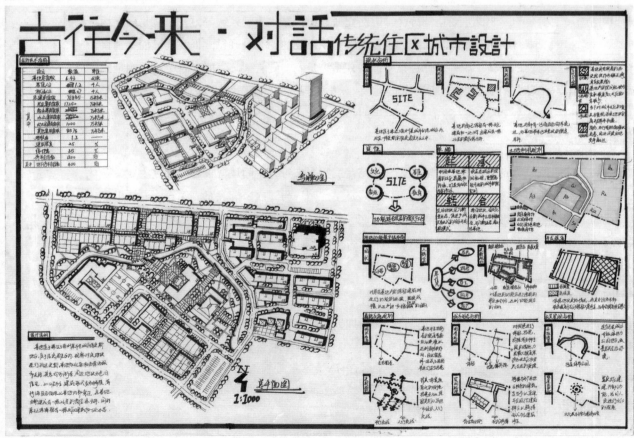

图 1-4　3 小时 A2 快题上色

1.4 城市规划快题设计方法策略

1.4.1 分析设计任务书

仔细阅读设计任务书，了解题目的条件与要求。设计任务书中的文字、数据、图纸是项目设计的重要依据，它们直接或间接地告知我们项目的重要信息，如上位规划的要求、项目定位、区位功能、周边环境等。要善于捕捉命题的关键点，对题目中出现的容积率、建筑密度等数字要具有一定的敏感度，要有一个基本的判别尺度。例如，校园建筑容积率一般在0.6—0.8，多层住区容积率一般在0.8—1.4等。通过对设计任务书的综合分析，实现对项目的定性、定量分析。前期对设计任务书的分析不容忽视，分析不到位会导致后期的设计前功尽弃。

1.4.2 解读基地条件

基地周边道路、用地情况等直接影响项目功能分区和道路交通组织，应认真解读基地现状条件，包括自然环境、交通状况、土地使用情况、人流分布等。地形地貌与场地的竖向设计密切相关，直接影响建筑的总体布局和开放空间的布置。设计者应充分利用并结合特色地貌与地面坡度，尊重场地的自然条件，塑造空间特色。规划设计者要善于从区域的角度看待城市，从城市的角度分析地块，从外部环境入手，形成合理的规划构思。

1.4.3 城市规划构思要点

规划结构清晰，主次分明，明确主要功能分区、道路交通系统、绿化景观系统等方方面面是规划构思的要点。结构的清晰有序主要依赖于合理的用地功能组织、便捷的交通联系，以及连续而又具特色的绿地景观系统规划。在整个规划设计过程中，规划结构是基本的骨架，是联系各个功能用地的系统组织，在构思规划结构的过程中，要有全局观念，使组成规划的各子系统协调统一。

1.4.4 空间布局要点

在确定规划结构后，按功能关系组织建筑布局，并结合空间形态进行空间环境设计，确立主要景观轴线、景观节点，创造宜人的外部空间环境。这里涉及了"图"与"底"的关系，在有些设计中，往往更容易关注"图"的建筑实体，而忽略作为"底"的外部空间、道路、绿化等的处理，通过建筑围合而成的外部空间环境是构成丰富、有特色的交往活动空间的关键。

1.4.5 城市规划快题构成

为了全面表达设计思路和方案特点，一套完整的城市规划快题设计图纸应包括以下几个板块：总平面图（90分）、表现图（30分）、分析图（15分）、文字说明（15分）。部分院校要求设计成果还包括立面图、节点透视图、策划分析图等要素（图1-5）。

（1）总平面图

总平面图是拟建工程的总平面布置图，按一定比例绘制，表示建筑物、构筑物的方位、间距，以及道路网、绿化、竖向规划和基地临界情况等内容（图1-6）。

总平面图是城市规划快题设计中最重要的成果，是反映总体设计构思和方案以及表达能力的核心图纸。在整套城市规划快题设计中，它往往是阅卷老师最为关注的部分，规划设计者应该予以高度重视。

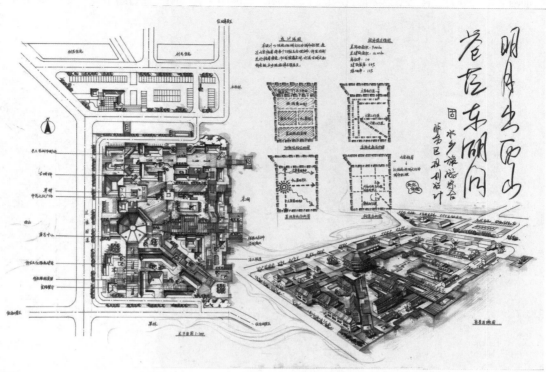

图1-5

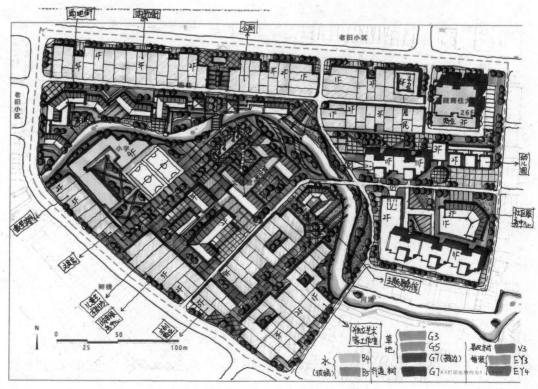

图1-6

(2) 表现图

城市规划快题设计中的表现图是用来表现设计方案三维空间关系的图纸，它比总平面图更能直观和逼真地展现设计方案的空间效果，是辅助总平面图表达设计想法和构思的重要图纸。

表现图通常可分为三种类型：局部透视图、轴测图、鸟瞰图。其绘制步骤如图 1-7 ～图 1-10 所示。

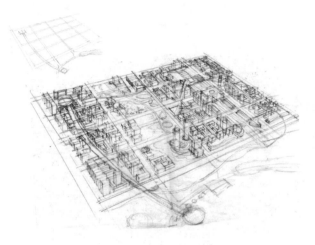

图 1-7

图 1-8

图 1-9

图 1-10

表现图的表达要点如下。

① 角度适合

尽量选择最能体现设计重点或者设计特色的角度，应该将景观轴线、河流水系、中心绿地安排在整张图纸的视觉中心处。

② 形体准确

准确的形体才能表达恰当的空间关系，而形体准确的基础是准确的透视关系，因此在绘制过程中，应先把用地边界、道路、建筑的大致形体勾勒出来，然后再进行下一步工作。

③深度刻画

对于建筑的刻画可以从形体的错落变化、屋顶设计、增加建筑分层线、窗户、装饰性构架等方面入手。对于配景环境的刻画可以从细化场地铺装、植物配置等方面入手。

（3）分析图

分析图的主要作用就是用简洁的图示语言表现出设计者在功能分区、道路交通组织、绿化景观等各个方面的设计意图。通常情况下，功能分区分析图（图1-11）、交通系统分析图（图1-12）、景观系统分析图（图1-13）这三类是最为常见的。

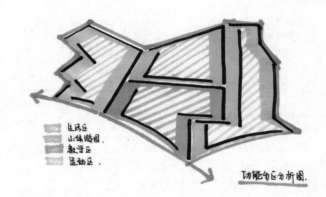

图 1-11

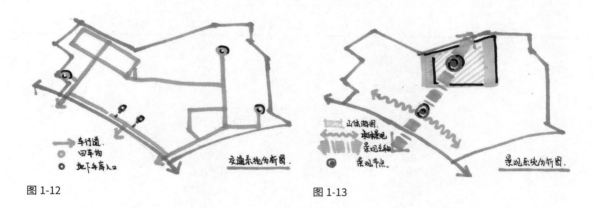

图 1-12

图 1-13

（4）文字说明

文字说明是总平面图中不可或缺的一部分，包括标题（图1-14）、设计说明、技术经济指标及相关标注（建筑层数及性质、道路名称、周边用地性质、用地红线、出入口、比例尺、指北针等要素）。

设计说明范例如下。

该项目基地位于×××（简单介绍，可重复任务书内容），在设计上秉承××（如工业遗址、

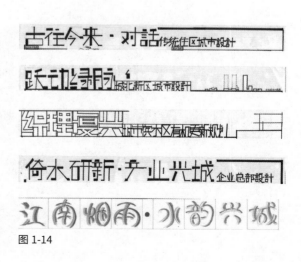

图 1-14

更新共荣；城市复兴、社区共融；生态社区、场所营造；轨道交通、职住平衡；开放共享、以人为本）的理念，合理进行空间组织，营造了舒适宜人的生活居住环境（切记此处设计理念须贴近题目主题）。

功能分区方面……（列举部分功能之间的有机融合，突出优点）；道路交通方面……（例如，人车分流设计，在保障居民安全的同时也打造了高效、便捷的交通体系）；景观体系方面……（例如，妥善处理步行游线与景观节点关系，打造舒适宜人的景观体系）。

最后，总结点题，用概括性的文字突出规划方案的优越性。

1.4.6 考试中的时间分配

如表 1-3。

表 1-3　考试时间分配

任务	基本内容	6 小时快题	3 小时快题
审题	分析任务书，明确重点，明确项目定位	30 分钟	15 分钟
构思	规划结构层次、空间形态	40 分钟	15 分钟
总平面图	建筑、道路、场地、绿化绘制，以及出入口、建筑名称、建筑层数等相关标注	3 小时	90 分钟
鸟瞰图	空间意象表达，突出整体空间形态	50 分钟	30 分钟
分析图 + 文字说明	功能分区、道路交通、景观结构、技术经济指标等	40 分钟	20 分钟
检查	"三图三字"、指北针等标注	20 分钟	10 分钟

2

城市规划相关规范与基础知识

2.1 场地基础知识与规范

2.1.1 用地范围

（1）用地面积

用地面积即建设用地面积，是指由城乡规划行政部门确定的建设用地边界线所围合的用地水平投影面积，包括原有建设用地面积及新征（占）建设用地面积，不含代征用地的面积。规划用地红线围合的面积，是确定容积率、建筑密度、人口容量所依据的面积。

（2）征地面积

征地面积是指由土地部门划定的征地红线围合而成的范围的面积，包含用地面积和代征用地面积两部分（包含一半的道路面积，快题考试中所给的面积一般为征地面积）。

2.1.2 用地边界

用地边界是规划用地与道路或其他规划用地之间的分界线，用来划分用地的范围边界（图 2-1）。

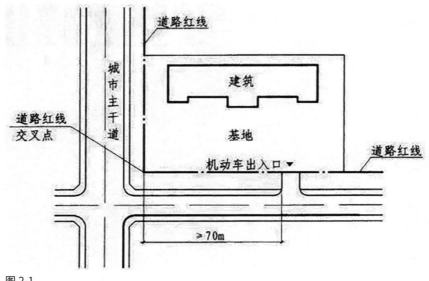

图 2-1

2.1.3 场地出入口

场地出入口需要结合规划地块内部的地形地貌以及外部环境来综合确定。

场地出入口开设须遵循几条基本原则：机动车出入口距城市主干道交叉口红线转弯起点处不应小于 70 m；距非道路交叉口的过街人行道边缘不小于 5 m；距公共交通站台边缘不应小于 20 m。

场地出入口开设的要求如下：快速路禁止开设出入口；城市主干道不宜开设出入口；城市次干道适宜开设出入口。

2.1.4 周边环境解析

在快题考试中, 基地内部或基地周边经常会出现江河湖海、山体公园、保留建筑、古井古树等有利环境, 也可能出现高压线、陡坎等不利环境, 如何充分利用有利环境, 避免不利环境的影响, 在快题考试中至关重要。

(1) 处理有利环境的常用手法

江河湖海: 考虑将水景引入基地内部, 注意滨水风光的打造, 尤其注意有防汛设施的地方不能随意开口引水。

山体公园: 留出视线通廊, 做对景和借景。

保留建筑: 注意与周边环境的结合, 建筑高度、色彩、风貌等符合控制要求。

古井古树: 采用保留手法, 利用其作为景观节点。

(2) 处理不利环境的常用手法

高压线: 预留出符合规范要求的高压走廊。

陡坎: 根据题目要求和基地内部环境, 巧妙抵消陡坎的消极影响。

2.1.5 道路交通

(1) 城市道路

城市道路按照等级分为 4 类。

① 快速路
城市道路中设有中央分隔带, 具有 4 条以上机动车道, 全部或部分采用立体交叉与控制出入, 供汽车以较高速度行驶的道路。快速路的设计行车速度为 60—80 km/h。

② 主干道
连接城市各分区的干路, 以交通功能为主。主干道的设计行车速度为 40—60 km/h。

③ 次干道
承担主干道与各分区之间的交通集散作用, 兼有服务功能。次干道的设计行车速度为 40 km/h。

④ 支路
次干道与街坊路（小区路）的连接线, 以服务功能为主。支路的设计行车速度为 30 km/h。

其余指标如表 2-1。

(2) 城市停车场

停车场根据场地平面位置的不同可以分为路边停车场和集中停车场; 根据车辆停放方式可以分为平行式、垂直式和斜列式。

表 2-1 城市交通道路指标

项目	城市规模与人口		快速路	主干道	次干道	支路
机动车设计速度 (km/h)	大城市	＞200 万人	80	60	40	30
		≤200 万人	60—80	40—50	40	30
	中等城市		—	40	40	30
道路网密度 (km/km²)	大城市	＞200 万人	0.4—0.5	0.8—1.2	1.2—1.4	3—4
		≤200 万人	0.3—0.4	0.8—1.2	1.2—1.4	3—4
	中等城市		—	1.0—1.2	1.2—1.4	3—4
道路中机动车车道条数 (条)	大城市	＞200 万人	6—8	6—8	4—6	3—4
		≤200 万人	4—6	4—6	4—6	2
	中等城市		—	4	2—4	2
道路宽度 (m)	大城市	＞200 万人	40—45	45—55	40—50	15—30
		≤200 万人	35—40	40—50	30—45	15—20

① 停车场出入口数量的要求及流线组织

不多于 50 个停车位的停车场，可设一个出入口，其宽度宜采用双车道；51—300 个（含 300 个）停车位的停车场应设两个出入口，出入口之间的距离必须大于 15 m，出入口宽度不小于 7 m；300 个停车位以上的停车场，出口和入口应分开设置，两个出入口之间的距离大于 20 m；500 个停车位以上的停车场，应分组设施，每组应设 500 个停车位，并应各设一对出入口。

不同情况下的停车场的出入口方位与流线组织方式如图 2-2 ～图 2-5。需要注意的内容包括出入口的位置及宽度（如出入口尽量不干扰城市干道交通，51—300 个停车位的停车场须设两个出入口）、停车场内部停车位的布置与错车道设计、流线。

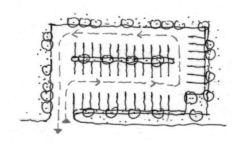

图 2-2　出入口合设的一般停车场

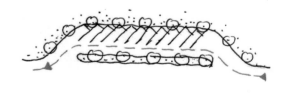

图 2-3　港湾式停车场

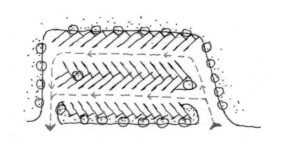

图 2-4　出入口分设的停车场

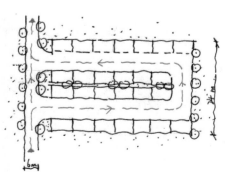

图 2-5　大型客车停车场

② 停车位面积

如表 2-2。

大型公共建筑附近必须设置与之相适应的停车场，一般位于大型建筑物前，且和建筑物位于道路同侧，停车场与公共建筑出入口距离宜为 50—100 m。集中停车场的服务半径不宜过大，一般不宜超过 500 m。

表 2-2　单位停车面积

车辆类型		面积（m²）
小型汽车	地面	20—30
	地下	30—35
摩托车		2.5—2.7
自行车		1.5—1.8

注：标准小汽车停车位尺寸为 3 m×6 m

③ 回车场地

当采用尽端式道路时，为方便行车转弯、进退或掉头，应在道路尽端设置回车场，回车场的面积不应小于 12 m×12 m（图 2-6）。

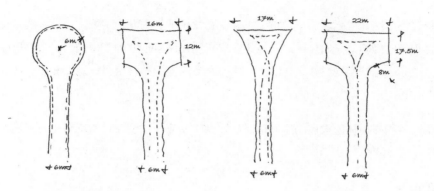

图 2-6　回车场示例

2.2 理论基础知识与规范

2.2.1 日照间距

日照间距以房屋长边向阳，朝阳向正南，正午太阳照到后排房屋底层窗台为依据计算。

根据太阳高度角的计算公式 $\tan h = (H\text{-}H_1)/D$，可得日照间距的计算公式为：$D = (H\text{-}H_1)/\tan h$。式中，$h$ 为太阳高度角；H 为前幢房屋女儿墙顶面至地面高度；H_1 为后幢房屋窗台至地面高度（图 2-7）。

根据现行设计规范，一般 H_1 取值为 0.9 m，当 $H_1 > 0.9$ m 时仍按照 0.9 m 取值。在实际应用中，常将 D 换算成其与 H 的比值，即日照间距系数 [日照间距系数 $=D/(H\text{-}H_1)$]，以便根据不同建筑高度算出相同地区、相同条件下的建筑日照间距。

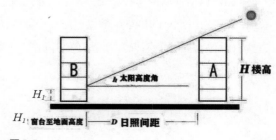

图 2-7

2.2.2 常用技术经济指标

城市规划快题中技术经济指标的计算不必太精确，但要基本正确。对于任务书中给定的基本参数，通过简单运算，能够大致判断出其对应的空间形态即可。技术经济指标是一个量化的指标，是检验方案经济性与合理性的依据之一。快题中常用的技术经济指标及其计算方法如下。

(1) 总建筑面积

总建筑面积是规划总用地上拥有的各类建筑的建筑面积总和，单位采用 hm^2。

(2) 容积率

容积率又称建筑面积毛密度，是建筑物地上总建筑面积与规划用地面积的比值（容积率 = 总建筑面积 / 总用地面积）。这里所说的总建筑面积是指地上建筑面积，不包括作为设备、车库的地下建筑面积。

容积率是衡量建设用地开发强度的一项重要指标，在快题计算中尤为重要。设计者要掌握一些基本快题类型的容积率的经验值，如住区，纯板式多层建筑住区容积率为 0.8—1.4，有高层建筑的住区为 1.6—2.0，中心区容积率通常在 2.0 以上，中央商务区容积率甚至可以达到 3.0—5.0，大学校园容积率为 0.6—0.8。

设计者须对不同容积率指标所对应的空间形态快速做出反应，以便在日常练习以及考试中准确判断出方案的合理性与经济性。

(3) 建筑密度

建筑密度是总规划用地内各类建筑的基底总面积与总用地面积的比率，即建筑密度 = 建筑基底总面积 / 总用地面积，以百分数形式表示。

住区建筑密度的经验值如下：别墅区建筑密度一般为 5%—10%，纯板式多层建筑一般为 20%—25%，纯小高层、纯高层建筑一般为 15%—20%，中心区的建筑密度一般在 30%—40%，大学建筑密度在 20%—30%。

(4) 绿地率

绿地率是规划用地内各类绿地面积的总和与总用地面积的比率，以百分数形式表示。住宅区的绿地率要求新区建设不应低于 30%，旧区改建不宜低于 25%，中心区绿地率一般在 20%—30%，大学建筑绿地率一般在 40% 左右。

(5) 停车位

停车位主要包括地面停车和地下停车。住区停车位一般标准为 0.8—1 车位 / 户，住区内地面停车率（居住区内居民汽车的停车位数量与居住户数的比率）不宜超过 10%。中心区停车位按大于等于 0.4 车位 /100 m^2 建筑面积计算。大学停车位按 0.5 车位 /100 m^2 建筑面积的标准计算，且一般全部为地面停车。

常用场地尺寸（以运动场地为例）如图 2-8 ～图 2-13。

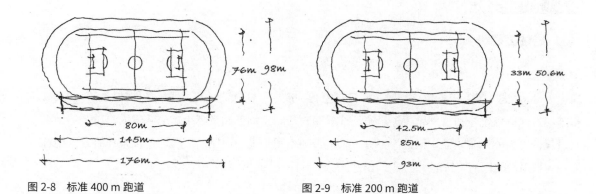

图 2-8　标准 400 m 跑道　　　　　　　　图 2-9　标准 200 m 跑道

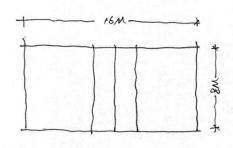

图 2-10　标准排球场地

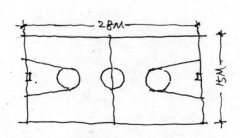

图 2-11　标准篮球场地

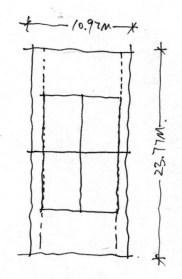

图 2-12　羽毛球双打标准场地

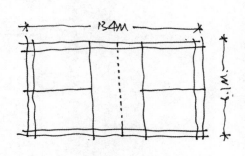

图 2-13　标准网球场地

2.3 建筑基础知识与规范

2.3.1 居住区建筑

（1）居住区建筑

① 别墅

指1—3层低层住宅，包括独栋别墅和联排别墅两种形式。别墅的日照、通风条件较好，带独立庭院和车库，联排别墅较独栋别墅更加经济。一般而言，联排别墅面宽越小，进深越大，越节约土地，可以获得更大的经济效益。但进深不宜过大，否则不利于采光通风，常通过加设天井的方式缓解。随着别墅用地的取消，快题中也很少出现别墅建筑了。

② 多层

指4—6层住宅，在快题中较常见，平面形式为矩形，进深不宜超过12 m，一般以3个单元的形式拼接。多层住宅通过单元错开、角度变化等形式易形成便于人们交流的半公共空间（图2-14～图2-16）。

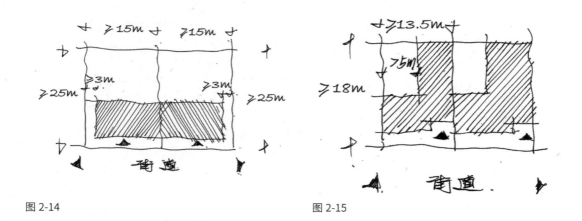

图2-14

图2-15

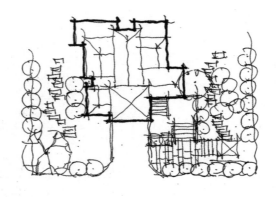

图2-16

③ 小高层

指7—11层住宅，设有电梯，快题中一般结合多层布置，形态布局较为灵活，包括点式和板式建筑，有一梯两户、一梯三户、一梯四户几种形式。

④ 高层

指12层以上的住宅，带电梯（包括消防电梯）。18层以上以点式建筑为主，设剪刀梯或两步疏散楼梯，一般为一梯三户、一梯四户等。高层建筑间距较大，车流、人流较为集中，注意车行道必须连接各点式高层。在平面图中要注意电梯井的画法（图2-17）。

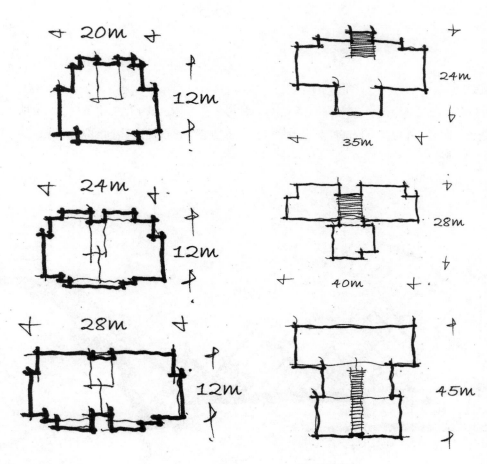

图2-17

（2）小区公共建筑

① 托儿所、幼儿园建筑

4个班以上的托儿所、幼儿园应有独立的建筑基地；规模在3个班以下时，也可设于居住建筑的底层，但应有独立的出入口和相应的室外游戏场地及安全防护措施。幼儿园用地面积如下：4个班大于等于1500 m²，6个班大于等于2000 m²，8个班大于等于2400 m²。其中活动室每班一间，使用面积90 m²。

托儿所、幼儿园宜有集中绿化用地及相应的硬质铺装作为活动空间，可布置于小区中心外围，方便家长接送，避免干扰交通。为保证日照充足，一般南北朝向（图2-18、图2-19）。

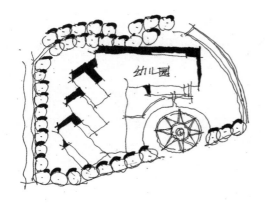

图 2-18   图 2-19

② 小区会所

一般为小区综合服务型公共设施，集休闲、娱乐、办公为一体，是小区的形象标志。会所可置于主入口附近，兼顾对外功能，提高商业服务价值，也可结合中心景观置于小区中心位置，便于服务整个小区，私密性较好（图 2-20）。

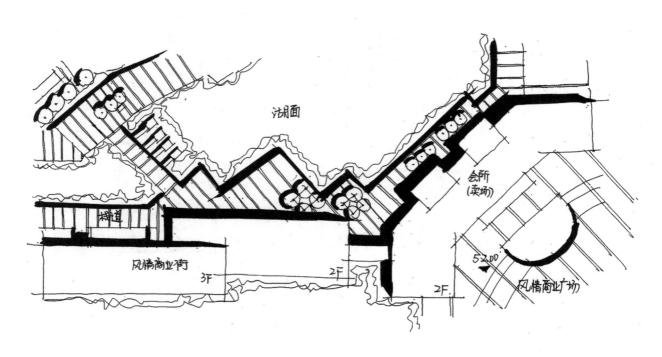

图 2-20

③ 沿街商业店铺

沿街地块商业价值较高，尤其是人气较旺的城市主干道旁。沿街商业店铺既要有较高的经济价值，又要区分小区内外空间，同时满足小区内外生活需要。沿街商铺一般进深在 12—15 m，较大商业店铺进深最大不超过 20 m，沿街界面要保持整齐、统一。

2.3.2 中心区建筑

（1）商业建筑

商业建筑形态丰富，布局自由，具体形态可以根据地块形状、基地自然条件进行有效切割，小型商业建筑进深一般和沿街商铺保持一致（图2-21）。

大中型商业建筑功能以购物、娱乐、休闲为主，建筑进深在 30—60 m 比较合理。开间视题目要求而定，一般建筑体量大，平面形式比较灵活。大体量商业建筑为满足采光和通风的要求，常常在建筑的中间位置开天窗。大中型商业建筑基地宜选择在城市商业地区或主要道路的适宜位置，应有不少于两个面的出入口与城市道路相邻接，或基地内应有不小于1/4周边总长度且建筑物不少于两个出入口与一边城市道路相邻接。大中型商业建筑还须考虑主入口前的集散场地及相应的停车设施。

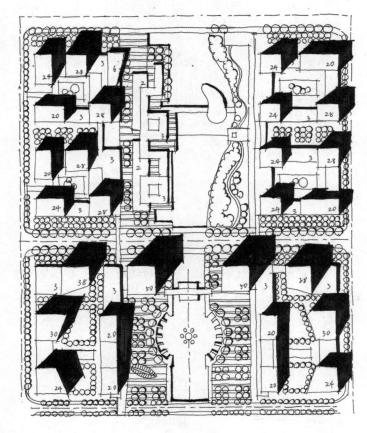

图 2-21

（2）办公建筑

建筑高度 24 m 以下为低层或多层办公建筑；建筑高度超过 24 m 而未超过 100 m 为高层办公建筑；建筑高度超过 100 m 为超高层办公建筑（图2-22、图2-23）。办公建筑应选在交通方便、市政设施比较完善的地段。在快题中，小开间办公建筑进深一般为 10—25 m（办公室进深 5—8 m，走廊宽度 1.8—2.4 m）。

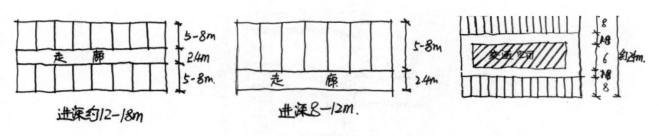

多层办公建筑（双向走廊）　　　　多层办公建筑（单向走廊）　　　　高层办公建筑

图 2-22

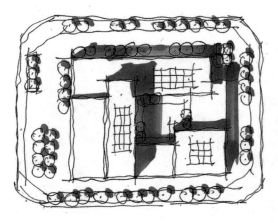

图 2-23

（3）酒店建筑

酒店建筑应选择建在交通方便、环境良好的地区。应合理划分酒店建筑的功能分区，组织各种出入口，使人流、货流、车流互不交叉。主要出入口必须明显，并布置一定的绿化和停车空间，总平面布置应结合基地具体条件，选用适当的组织形式（图2-24～图2-26）。

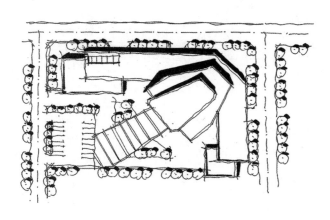

图 2-24

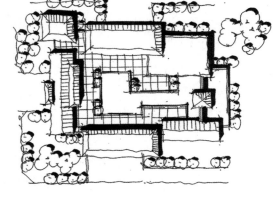

图 2-25

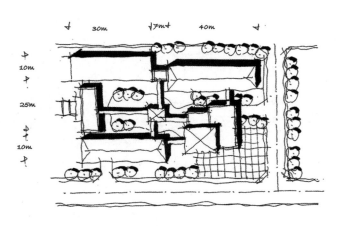

图 2-26

（4）文化娱乐建筑

文化娱乐建筑主要有影剧院、博物馆、文化馆、会展中心等，这类建筑体量较大，宜建于交通便利、便于群众活动的地段。总平面图布置应明确功能分区，合理组织人流和车辆交通路线，对喧闹与安静的用房应有合理的分区与适当的分割，至少应设两个出入口。一般需要布置室外休息活动场地、绿化、建筑小品等（图 2-27）。

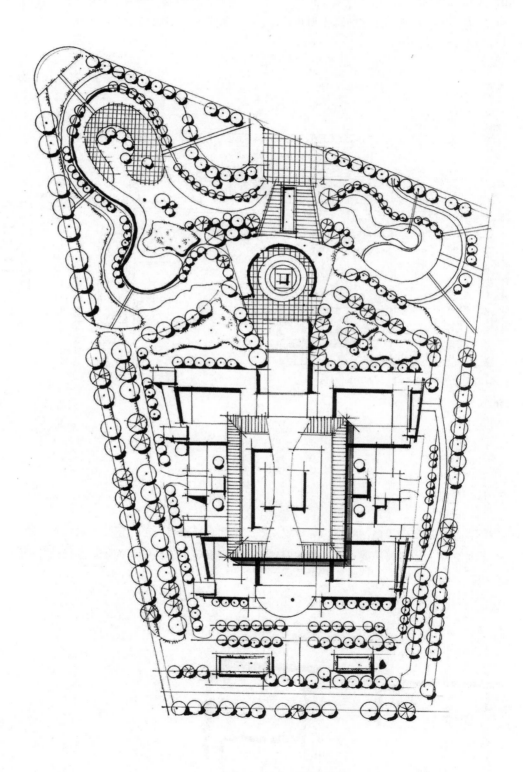

图 2-27

2.3.3 校园建筑

（1）教学建筑

教学建筑应有良好的自然通风。教室单元的基本尺寸为 8 m×10 m 左右，实验室、专用教室尺寸可相应扩大。单连廊南北朝向，建筑进深 9—10 m，长度不得超过 80 m，可以是建筑组合，通常是 E 字形或"回"字形等，有的也可以是放射状。对于组合楼，两排教室之间的间距不得小于 25 m，教学楼长边离马路不得小于 25 m（图 2-28、图 2-29）。

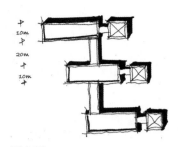

图 2-28

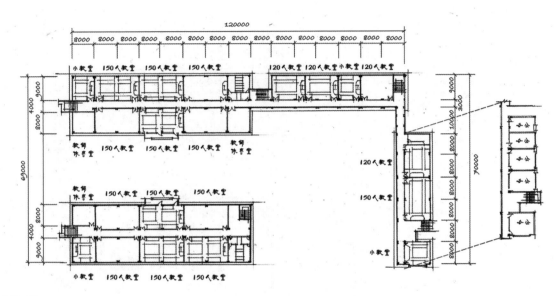

图 2-29

（2）办公建筑

校园中的办公建筑主要包括行政楼、院行政楼等，平面布局相对简单，在置于校园入口处时，可以作为标志性建筑，场地周边要布置适量的停车位。办公建筑的进深一般为 15—20 m，长度为 60—80 m（图 2-30）。

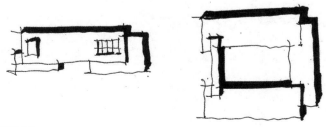

图 2-30

（3）文体建筑

校园中的文体建筑主要有图书馆、体育馆、风雨操场、大学生活动中心等满足学生文化生活和体育运动的建筑，此类建筑在校园快题设计中一般体量较大，造型丰富。图书馆前宜有广场，方便人流疏散、师生交流。体育馆或风雨操场的设计较为独立，一般以长方形为主，需要注意建筑尺度。

（4）生活建筑

校园中的生活建筑是为学生日常生活提供服务的建筑，主要有宿舍、食堂、后勤服务等建筑类型，此类建筑功能相对简单，满足基本功能要求即可，一般采用双廊，进深 16 m 左右，长度不超过80 m（图 2-31）。

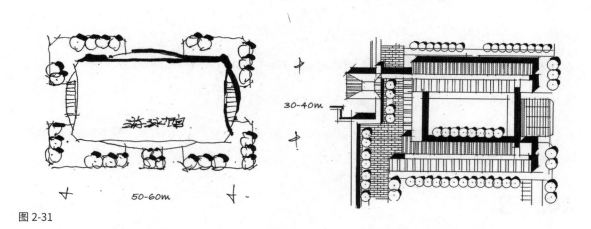

图 2-31

2.4 规划结构基础知识

2.4.1 规划结构层次基本介绍

规划结构是方案的骨架，由轴线、节点、道路、组团四大要素构成。在快题中，规划结构直接影响功能分区、建筑布局等，好的规划结构可以使方案结构清晰、建筑布局紧凑合理（图 2-32）。

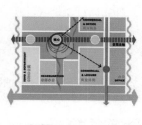

2.4.2 规划结构设计要点

a. 规划结构构成系统中的轴线、道路、节点、组团之间有主次之分，主要结构要素要重点表现。

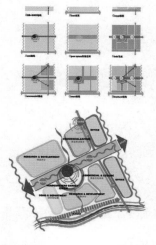

图 2-32

b. 轴线、道路、节点各要素之间垂直相交，不能产生角度很小的夹角。

c. 轴线、道路围合出中心节点的形态。

d. 快题图面中有且只有一个中心，中心可以是一条轴线，也可以是一个组团，不可设置两个及以上等量的轴线或节点，这样会互相争抢画面，造成混乱。

2.4.3 规划结构的设计步骤

a. 根据周边道路等级，确定机动车道开口位置，选择相应的道路形式。

b. 根据场地条件，确定采用何种规划结构形式（轴线式还是中心放射式）。

c. 确定主要轴线的位置，同时确定人行出入口（采用轴线式结构）。

d. 确定中心节点的形状和位置，微调路网和轴线（采用中心放射式结构）。

e. 同时划分大的组团，进而确定大的隔断廊道，细分组团。

f. 确定组团节点，建立组团节点和主轴线或者中心节点的联系通道，重要的通道设置为次轴线（至此，规划结构设计结束）。

2.4.4 轴线

城市轴线通常是指一种在城市中起空间结构驾驭作用的线性空间要素。在规划快题中，轴线可以起统领整个画面的作用，但切记不要为了做轴线而生硬地刻画。轴线的设计要领如下。

a. 轴线实质上是一个线性空间，由点、线、面多要素串联构成，轴线上要做节点，一般有起始节点、中心节点、结束节点。

b. 轴线两侧建筑、景观一般对称分布。

c. 轴线上布置重要的功能建筑与重要景观。

d. 轴线通过建筑（景观）围合出来（图 2-33）。

e. 轴线上的空间要收放有序，变化丰富。

f. 轴线成系统，区分主轴线、次轴线，间隔廊道、次轴线一般连接到主轴线或中心节点（图 2-34）。

2.4.5 节点

节点通常指一种在城市中起到空间结构驾驭作用、组织攻关空间的点状空间要素。节点的设计要领（图 2-35）如下。

a. 边界围合，正常情况下是用建筑围合边界，特殊情况下用景观围合。

b. 节点尽量做几何形体（圆形、半圆形、方形、椭圆形等），因为几何形体更有视觉冲击力，更能体现节点的中心性。

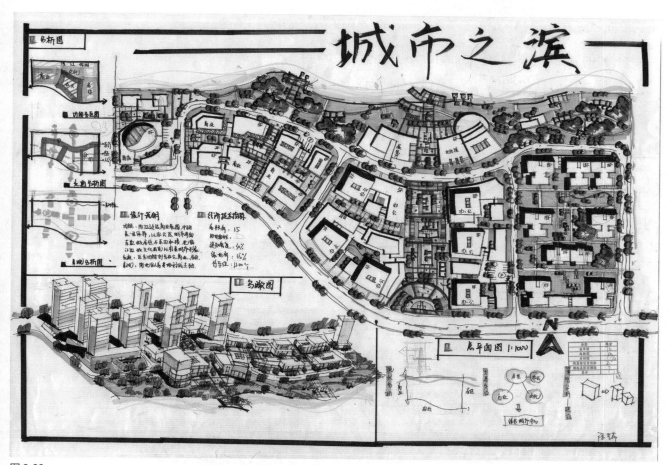

图 2-33

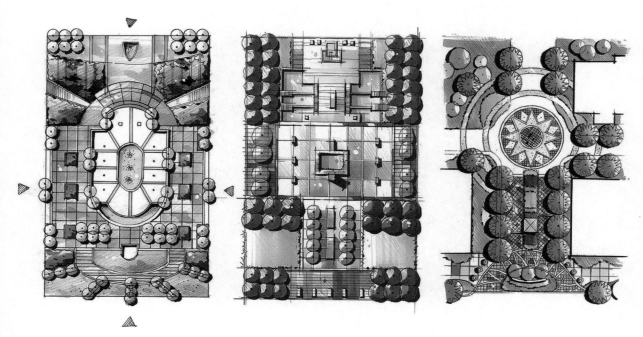

图 2-34

c. 节点成系统，区分主要节点、次要节点、一般铺地，次要节点一般接到主要节点上。

d. 关于节点的位置，一般在线性元素的开始处、结尾处设置入口节点和结束节点；在入口节点和结束节点之间一般会设置一个中心节点；在面元素的中心一般设置节点。

e. 节点（尤其是中心节点）周围布置最重要的建筑，形成中心组团。

f. 节点上布置重要的景观要素，使空间变化丰富。

设计思路：二次划分，拒绝盲目涂鸦。

首先，明确节点广场是什么功能、什么尺度，广场节点也有核心、次要、不重要之分，要准确突出重点；其次，定好主次入口、主要活动场地以及流线；再次，确定核心空间及元素；最后，结合不同场地与功能、主题，进行空间划分（包括水平及垂直方向）。

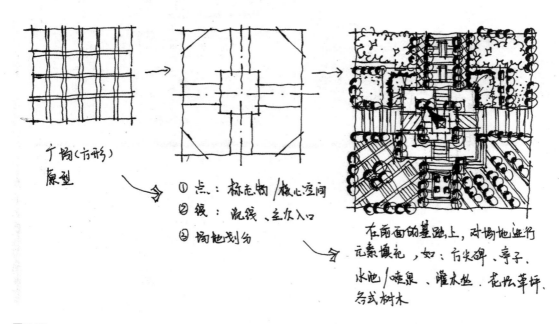

图 2-35

3

制图方法与
版式设计

3.1 总平面图、表现图、分析图制图方法与顺序

3.1.1 绘制流程

(1) 铅笔稿

铅笔稿宜清淡，铅笔稿阶段一定要注意把控时间，重点刻画场地边界、建筑轮廓与景观绿地初稿。

(2) 墨线稿

整个图幅的墨线宜选用中等粗细的绘图笔绘制，尽量准确、清晰，同时表现出大场地的图底关系，如时间充裕，可对建筑轮廓线进行加粗。

(3) 阴影

正确的阴影表达可以很好地表现图底关系，建筑物、构筑物和植被等都须上阴影，尤其要注意统一阴影方向，可用设计家马克笔 999 色号或 CG5 等颜色。

(4) 标注及文字说明

标注及文字说明包括周边环境要素名称、建筑物使用性质与层数、用地红线、机动车道出入口方位、人行出入口位置、图名、比例尺、指北针、场地绿化与设计说明、技术经济指标等。

(5) 上色

总图的配色应该稳重，避免使用纯度太高的颜色。新建建筑通常以留白的方式表达，保留建筑可用红线框描边，机动车道与停车位可不上色，以此表达清晰的设计意图。

以上流程是大致的考试绘图流程，可因人而异进行适当调整。

3.1.2 总平面图

总平面图（图 3-1）的制图步骤如下。

(1) 铅笔稿（草图）

首先，依据空间结构的整体布局绘制图面的道路、轴线走向，然后，根据分区绘制各类建筑空间组合的形态。

(2) 墨线稿（正图）

依次绘制建筑轮廓、场地边界、绿地景观体系的墨线稿，随后填充行道树、景观树等。

(3) 各类要素标注

标注包括周边环境要素名称、建筑物使用性质与层数、用地红线、机动车道出入口方位、人行出入口位置、图名、比例尺、指北针、场地绿化。

图 3-1

3.1.3 表现图

表现图制图步骤如下。

（1）铅笔稿

大致刻画场地边界、空间结构轴线的位置后，确保整体比例没有失衡，随后绘制建筑基底，在赋予建筑高度后表达整体空间意象。

（2）墨线稿

进行建筑轮廓绘制，可重点突出建筑空间形体，弱化周边景观表达（图 3-2）。

（3）上色

上色时注意区分明暗关系面，阴影不一定要用纯黑色，整幅图明度最低即可，需要加深建筑轮廓线。周边环境用最细的绘图笔绘制，区别于建筑主体（图 3-3）。

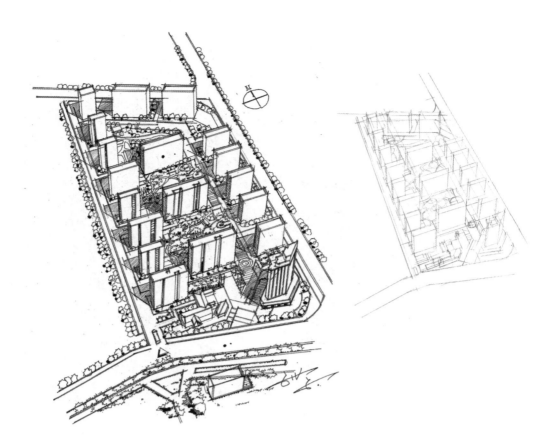

图 3-2

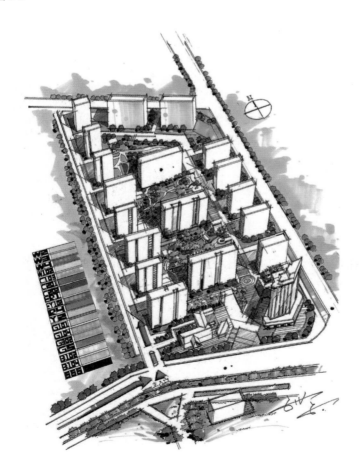

图 3-3

3.1.4 分析图

分析图（图 3-4）的主要作用是用简洁的图示语言表现出设计者在功能分区、道路交通组织、绿化景观等各个方面的设计意图。通常情况下，功能分区分析图、交通系统分析图、景观系统分析图这三类是最为常见的。

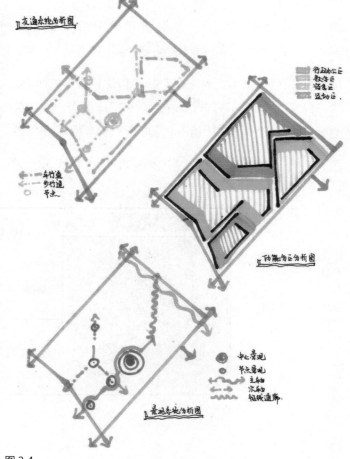

图 3-4

3.2 版式设计与排版

3.2.1 版式设计原则

快题的版式设计原则包含以下几条。

风格明确：可以用暖色系、冷色系、灰色系等表现方式，切忌混乱用色，避免风格搭配不协调。

排版均衡：注意上色密度高的图纸部分不要都排布于一侧，否则会造成整体比例失衡。

灵活调整：根据整个场地边界形状合理调整排版，不要陷入固化思维。

3.2.2 排版原则

快题排版及各张图纸的位置应该在上板绘制正图前考虑清楚，可以用铅笔大致确定各张图纸的大小、范围、位置，避免出现到了墨线阶段发现图纸过大或过小的情况。同时，在进行快题排版时应充分考虑以下两个原则。

对位原则：为了提高绘图速度，在排版的时候可以利用上下左右的对位进行排版，如先确定总平面图的位置，分析图或表现图与其对位绘制，既方便阅读又方便绘制。

符合阅读习惯原则：城市规划快题通常采用 A1 和 A2 两种图幅，无论哪种图幅，在排版的时候都要注意人的视觉习惯，一般将表现力较强的图置于视觉中心位置（并非几何中心），如总平面图。或者将表现力较强的图直接置于底部，使得整个图面均衡稳重（图 3-5 ～图 3-7）。

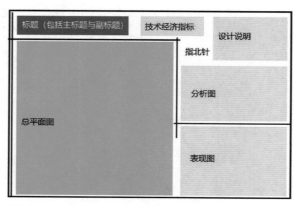

图 3-5

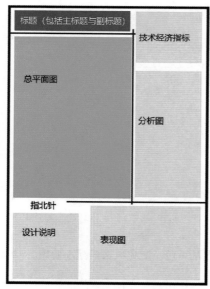

图 3-6

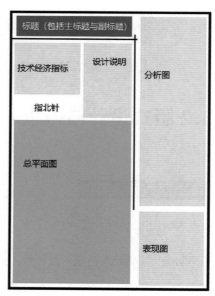

图 3-7

3.3 色彩原理及配色原则

3.3.1 色彩基本概念

三原色：最基本的颜色，分别为红、黄、蓝。

暖色系：接近红色的颜色，包括红紫、红、红橙、橙、黄橙、黄、黄绿等。

冷色系：接近蓝色的颜色，包括蓝绿、蓝、蓝紫等。

对比色：经典的对比色有黑白、红绿、蓝黄。

互补色：常见的互补色有黄紫、黄蓝、品红与绿。

在城市规划快题的表达中，尽量避免大红大绿等饱和度过高的色系，选择透亮、灰度高的颜色搭配较好，而冷暖相间的对比色更适用于分析图，能使分析图清晰、明亮，一目了然。

3.3.2 配色原则

色彩的搭配可创造适于表达设计主题特点的艺术效果与图底效果。色彩的语言是丰富的，遵循色彩构成的均衡、韵律、强调、反复等法则，对色彩进行合理的组织搭配就能产生和谐、优美的视觉效果。

色相指色彩所呈现的相貌，通常以色彩的名称体现。不同色相的搭配组合可以形成色彩的对比效果，不同类型的色相搭配可以起到决定画面色彩基调与区分色彩面貌的作用（图3-8）。

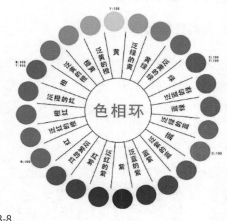

图3-8

（1）明度

明度是指色彩的明暗程度，可以理解为将彩图变成黑白图，越黑则明度越低。明度可以体现色彩的层次感与空间感。在无彩色中，白色的明度最高，黑色的明度最低；在有彩色中，黄色的明度最高，紫色的明度最低（图3-9）。

无彩色和有彩色的明度的推移变化

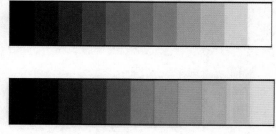

图3-9

（2）纯度

纯度是指色彩的饱和程度与鲜浊程度。人类的视觉能辨别出来的颜色都是有一定的纯度的，如当一种颜色表现为最纯粹、最鲜艳的状态时，即处于最高纯度。不同的色相具有不同的纯度，不同纯度的变化使色彩更加丰富（图3-10）。

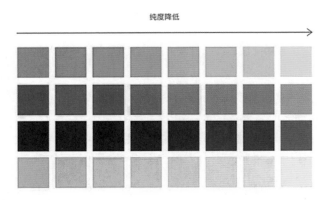

图 3-10

3.3.3 配色图面参考

（1）同类色相配色

同类色相配色是指将24色相环上间隔15°范围以内的色相进行搭配，搭配逐渐趋向于单色，呈现极弱的微差变化，在快题中就是所谓的"单色"。同类色相配色可以保持画面的单纯与统一。为避免图面单调，色彩的明度与纯度可以有变化（图3-11）。

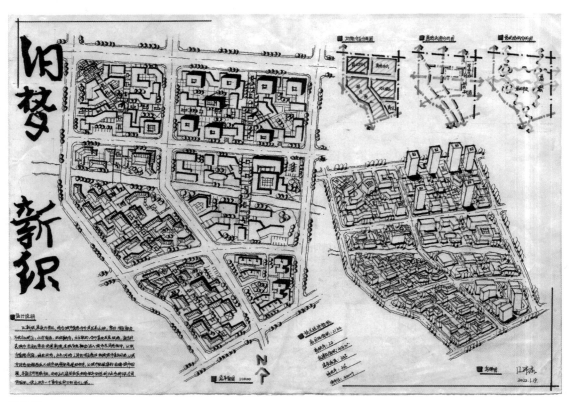

图 3-11

（2）类似色相配色

类似色相配色是指 24 色相环上间隔为 30°的色相的配色。在类似色相配色中，由于色相区别不大，使得色相间的对比较弱，所以产生的效果常常趋于平面化，但正是这种微妙的色相变化，能使画面产生比较清新、雅致的视觉效果（图 3-12）。

（3）邻近色相配色

邻近色相配色是指用近似色相进行色彩搭配的方式。在 24 色相环中间隔为 60°的色相都属于邻近关系。邻近色相的搭配既能保持色调的亲近性，又能凸显色彩的差异性，使得视觉效果比较丰富（图 3-13）。

（4）对比色相配色

对比色相配色是指 24 色相环上间隔为 120°的色相的搭配组合。对比色相配色是采用色彩冲突性比较强的色相进行搭配，从而使视觉效果更加鲜明、强烈、饱满，给人兴奋的感觉（图 3-14）。

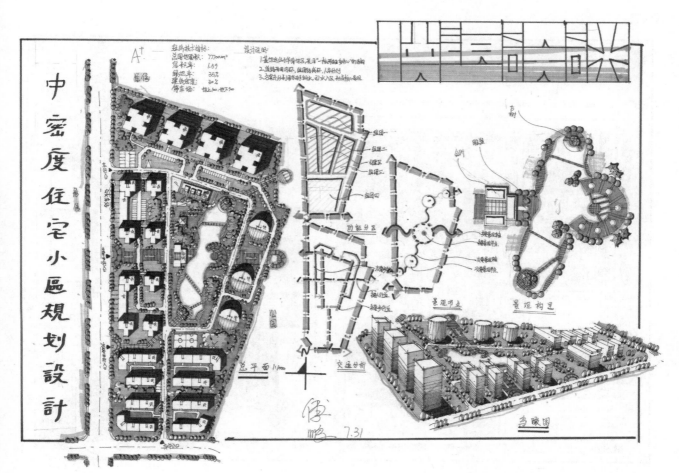

图 3-12

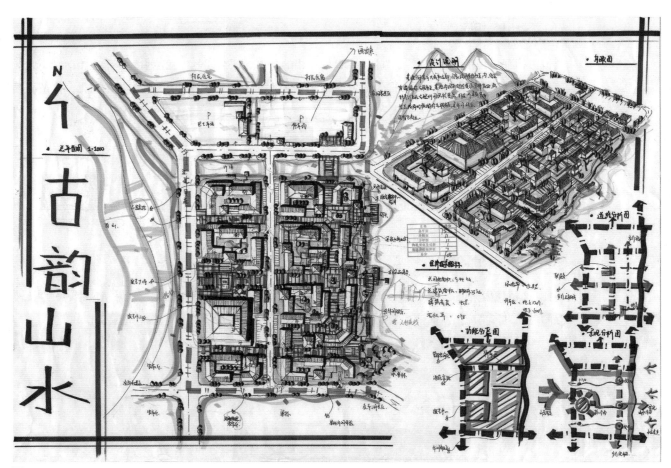

图 3-13

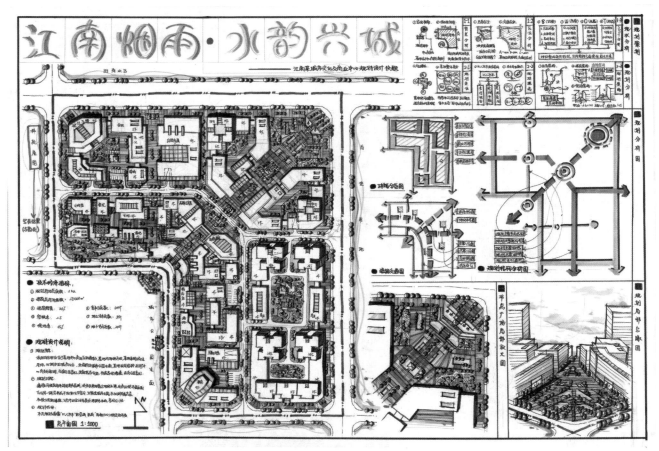

图 3-14

3.3.4 推荐配色

如图 3-15 ～图 3-21。

推荐配色方案①

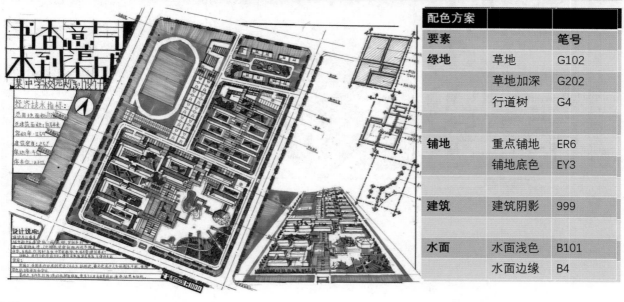

配色方案		
要素		**笔号**
绿地	草地	G102
	草地加深	G202
	行道树	G4
铺地	重点铺地	ER6
	铺地底色	EY3
建筑	建筑阴影	999
水面	水面浅色	B101
	水面边缘	B4

图 3-15

推荐配色方案②

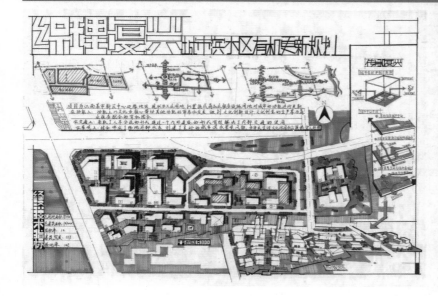

配色方案		
要素		**笔号**
绿地	草地	G104
	草地加深	G202
	行道树	G202
铺地	重点铺地	ER6
	铺地底色	E04
建筑	建筑阴影	999
	建筑描边	R4
水面	水面浅色	B101
	水面边缘	B4

图 3-16

推荐配色方案③

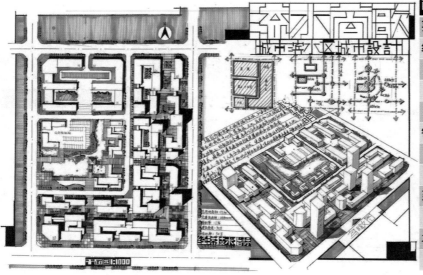

配色方案		
要素		笔号
绿地	草地	GG5
	草地加深	GG5
	行道树	G105
铺地	重点铺地	EO5
	铺地过渡	WG2/YG1
	铺地底色	Y1/EY3
建筑	建筑阴影	999
水面	水面浅色	B101
	水面边缘	B4

图 3-17

推荐配色方案④

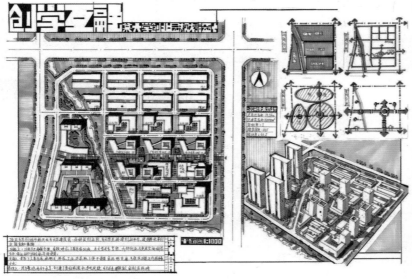

配色方案		
要素		笔号
绿地	草地	EY4
	行道树	YG3/C204
铺地	重点铺地	ER6
	铺地底色	EY3
建筑	建筑阴影	999
水面	水面浅色	B101
	水面边缘	B5

图 3-18

推荐配色方案⑤

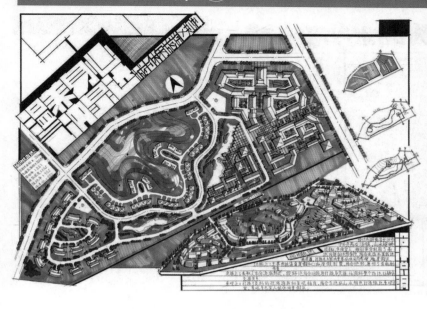

配色方案		
要素		笔号
绿地	草地	G105
	行道树	G4
铺地	重点铺地	ER6/ER7
	铺地过渡	E04
	铺地底色	E03/Y2
建筑	建筑阴影	999
水面	水面浅色	B101
	水面边缘	B5

图 3-19

推荐配色方案⑥

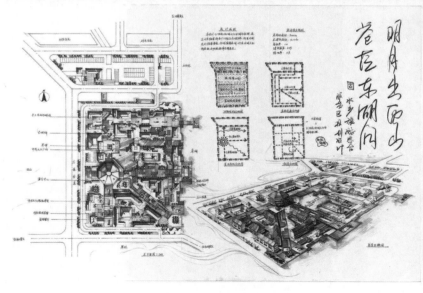

配色方案		
要素		笔号
绿地	草地	WG1
	草地加深	WG3
	行道树	CG5
铺地	重点铺地	EO5
	铺地过渡	EO4
	铺地底色	ER1
建筑	建筑阴影	999
水面	水面浅色	BG1
	水面边缘	BG3

图 3-20

推荐配色方案⑦

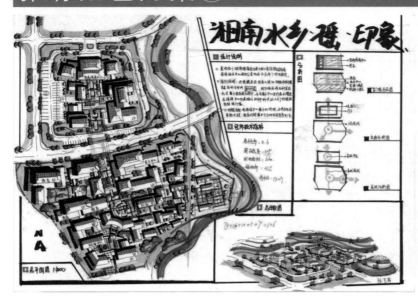

图 3-21

配色方案		
要素		笔号
绿地	草地	G1
	草地加深	G3
	行道树	G4
铺地	重点铺地	EO5
	铺地过渡	EY2
	铺地底色	Y1
建筑	建筑阴影	999
水面	水面浅色	BG1
	水面边缘	BG3

4

城市规划快题常考类型的方法解析

4.1 居住区和完整社区

4.1.1 基本介绍

(1) 居住区

指由城市道路或城市道路和自然界限划分的,具有一定规模,且不被城市交通干道所穿越的完整地段,区内设有一整套满足居民日常生活所需要的基础公共服务设施和机构。在城市规划快题考试中,一般用地规模在 10—20 hm² (6 小时快题) ,也就是说,常以居住区的规模形式呈现。居住区规划设计需要满足实用、卫生、安全、经济、美观等基本要求。由于规划设计的对象是居民,因此必须坚持"以人为本"的原则。

(2) 完整社区

指在居民适宜步行范围内有完善的基本公共服务设施、健全的便民商业服务设施、完备的市政配套基础设施、充足的公共活动空间、全覆盖的物业管理和健全的社区管理机制,且让居民拥有较强归属感、认同感的居住社区。

(3) 完整社区的建设要求

① 基本公共服务设施完善

包括一个社区综合服务站、一个幼儿园、一个托儿所、一个老年服务站和一个社区卫生服务站。

② 便民商业服务设施健全

包括一个综合超市、多个邮件和快递寄送服务设施,以及其他便民商业网点。

③ 市政配套基础设施完备

包括水、电、路、气、热、信等设施,停车及充电设施,慢行系统,无障碍设施,以及环境卫生设施。

④ 公共活动空间充足

包括公共活动场地和公共绿地。

⑤ 物业管理全覆盖

包括物业服务和物业管理服务平台。

⑥ 社区管理机制健全

包括管理机制、综合管理服务和社区文化。

4.1.2 设计要点

(1) 规划结构层次

空间规划层级主要由"公共空间—半公共空间—半私密空间—私密空间"四级组成,在小区规划中主要体现为"小区—组团—院落"的规则形式。在设计中,要尤为注意功能结构清晰,突出各空间层级的核心空间,如小区中心景观、中心组团及院落空间。

(2) 道路交通系统

对于居住区的整体结构而言，道路系统是居住区规划布局的骨架。道路系统的实质是在交通性和居住的功能性之间寻求一种平衡。居住区道路红线宽度一般为 10—14 m，车行道宽度一般为 7—9 m，当道路宽度大于 12 m 时，可以考虑设人行道，人行道宽度一般为 1.5—2 m。规划设计时须注意各级道路系统之间的衔接。

在快题设计中尽可能人车分流，便于汽车通行，同时保障行人安全。居住区中不同级别道路的功能不同，须避免定位混乱，越级衔接。

居住区级道路：整个居住区的主干道，一般与城市支路同级，按照城市道路方式绘制（五线），即两侧设非机动车道及人行道，并设相应绿化。

小区级道路：小区内主要道路，用于联系小区内各组团空间以及公共场地，绘制三线即可。

组团级道路：上接小区路，下接入户路，是进出组团的主要通道。

入户级道路：连接各住宅单元与组团级道路，是最末一级道路。

小区内的主要道路应至少有两个出入口，且应有两个方向与外围道路相连（为了防止不同方向的车流绕路回家加剧城市道路的拥挤）。

机动车道对外出入口间距不应小于 150 m，当小区道路与城市道路相连时，其交角不宜小于 75°，主入口距交叉口道路红线不宜小于 70 m（图 4-1）。

居住区内尽端式道路的长度不宜大于 120 m，并应在尽端设不小于 12 m×12 m 的回车场地（图 4-2）。

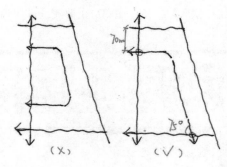

图 4-1

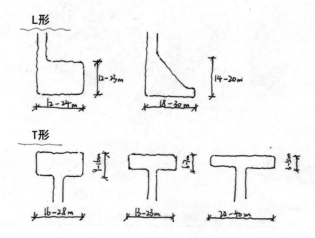

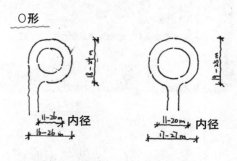

注：图中下限值适用于小汽车，上限值适用于客货车、大巴等

图 4-2

(3) 绿化景观处理

小区的绿化景观系统设计重点包括景观轴线、主入口、中心景观、组团景观等。景观系统应考虑基地内部与周围环境之间的联系，充分利用基地现有自然条件，如保留基地原有的地形地貌、河湖水系的景观利用，以及与地块周边景观视线的整体考虑等。

对主入口、中心景观节点的处理要适当、细致，一般结合入口广场、中心绿化布置，人流、车流的导向要明确。尤其当中心景观结合幼儿园、小区会所等公建布置时，要考虑其相互之间的影响与协调，既要保证入口、人流的相对独立，又要通过步行、绿化组织等加强联系。整个小区的步行景观系统要有连续性、均好性等特点。

公共绿地指供居民共同使用的绿地，包括居住区公园、小区集中绿地、组团绿地、宅间绿地等。

① 居住区公园

园内应布置明确的功能分区和清晰的游览路线，设施比较丰富，相当于小型城市公园。面积不宜过大，位置适宜，服务半径 500—1000 m，居民步行 10 分钟内可达。可与居住区内公共建筑、社会服务设施结合布置，形成居住区的公共活动中心（图 4-3）。

② 小区集中绿地

小区集中绿地设计原则（入口空间 + 轴线 + 中心绿地 + 公共建筑）如下。

a. 明确主次入口、核心空间与主要流线（即心与流）。

图 4-3

b. 寻找中心绿地与组团中心的联系，定结构，并进行功能分区（图4-4）。

c. 结合各个分区主体特色进行设计（填补元素）。

d. 公共建筑与中心景观一同设计，软硬结合，充分考虑人的行为与心理习惯。

若存在水田、河道、古井、古树等保护类要素，要在周边留出一定的活动场地，构建步行轴线或视线通廊，使其成为核心或节点空间，或者形成对景（图4-5）。

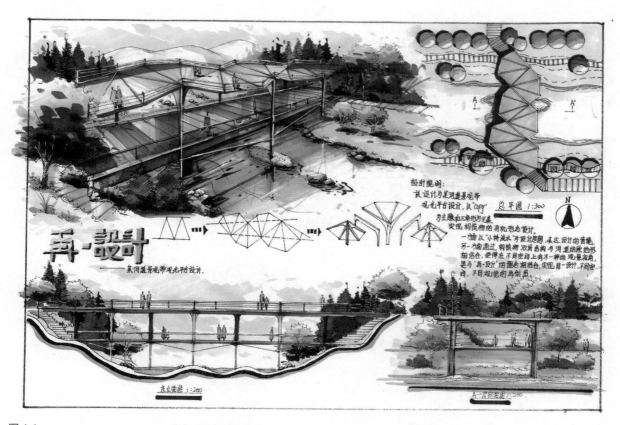

图4-4

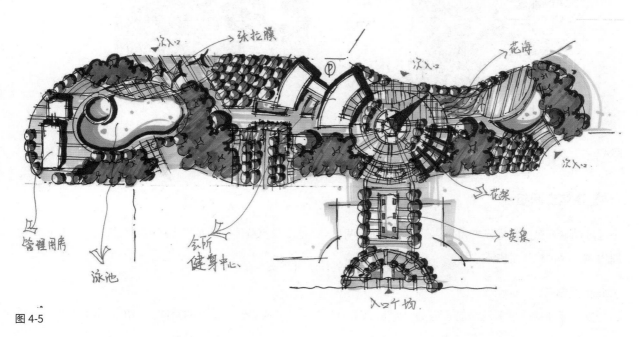

图4-5

③ 宅间绿地

宅间绿地指前后两排住宅之间的空地，可供居民随时休憩、健身等，其面积应该与周围建筑的高度相协调。注意事项如下。

a. 宅间绿地一般被入户道路或邻近道路围合，建议在宅间绿地面积允许的情况下适当设置地面停车位。

b. 宅间绿地的表达方式如图4-6，有规则式、自由式，也可两者结合，但在设计过程中要注重对路径和场地的思考。

c. 居住区内各绿地风格应统一协调，避免杂乱无章。

d. 由于考试时间限制，可简单处理，重点打造小区中心景观。若时间充裕，涉及地块较小，可加入亭、廊、水池、花架等各种小品及景观元素。

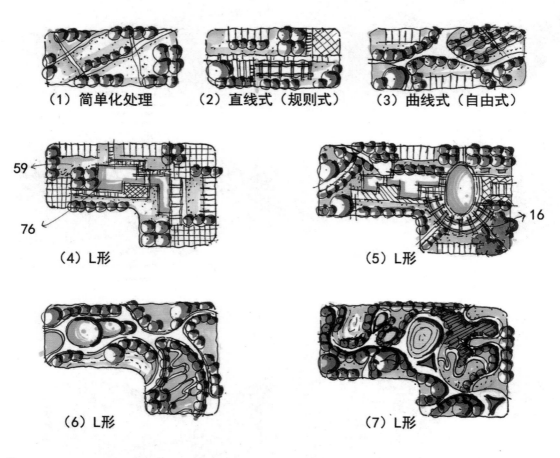

（1）简单化处理　　　（2）直线式（规则式）　　　（3）曲线式（自由式）

（4）L形　　　（5）L形

（6）L形　　　（7）L形

图4-6

（4）建筑空间组合

小区建筑主要包括住宅建筑和公共服务设施建筑两大类。住宅建筑群体空间布局形式主要有行列式、周边式、混合式、自由式4种。

① 行列式布局

这种布局能使绝大部分建筑有良好的日照和通风，但不利于形成完整、安静的空间、院落，建筑群组合也流于单调。规划中常采用山墙错落、单元错开等手法避免呆板，这种布局对地形的适应性较强（图4-7）。

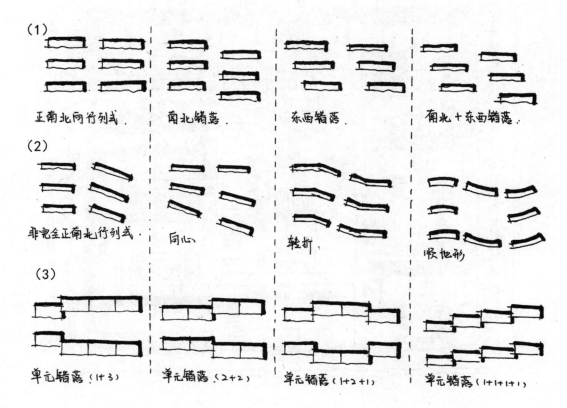

图4-7

② 周边式布局

这种布局方式节约用地，利于形成街区内部安静的环境，以及完整、统一的街景立面。但由于建筑物纵横交错排列，因此，常常只能保证一部分建筑有良好的朝向，且建筑物相互遮挡易形成一些日照死角，不利于自然通风。这种方式较适用于寒冷地区，以及地形规整、平坦的地段（图4-8）。

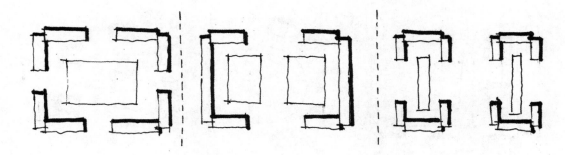

图4-8

③ 混合式布局

最常见的布局是以行列式为主，少量住宅或公共建筑沿道路或院落周边布置，以形成半开敞式院落（图4-9）。

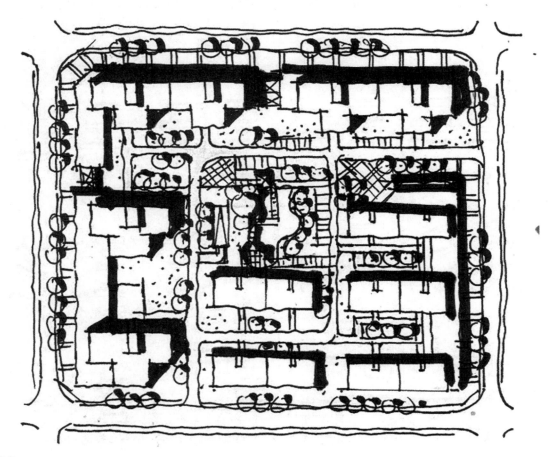

图 4-9

④ **自由式布局**

建筑结合基地地形等自然条件，在满足日照、通风要求的前提下，成组自由灵活地布置（图 4-10）。

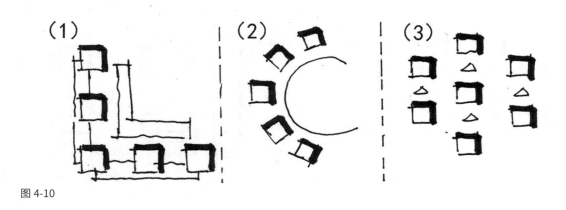

（1）　　　　　（2）　　　　　（3）

图 4-10

配套的公建设施是小区规划必不可少的一部分，居住区级公共服务设施分为商业服务类设施和儿童教育设施两大类。商业建筑一般沿主要城市道路或小区主要轴线相对集中布置。

（1）道路等级结构的转变

传统封闭住区道路不属于城市道路，在级别上也低于城市道路，形成"居住区级—居住小区级—组团级—入户级"的形式。

开放式住区道路则公有化，其中组团级以上的道路上升为城市支路级别，城市支路宽度为 14—18 m。但在开放式住区中，因"窄断面"有利于降低车速，所以将"贯穿路"宽度控制为 6—9 m，将"非贯穿路"宽度控制为 4—7 m，组团路为 4 m。

从整体来看，道路等级整体提升，而街道尺度却整体降低（图 4-11）。

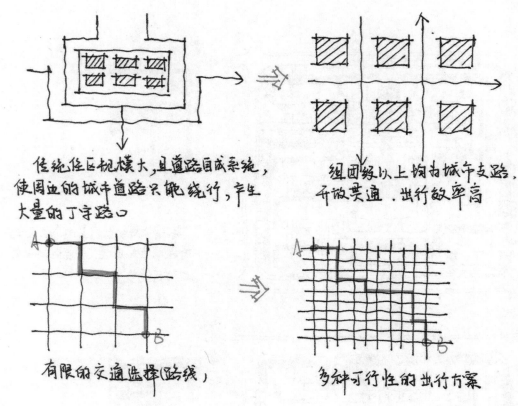

图 4-11

（2）规划结构营造方式的转变

开放式住区用地被城市支路切分为规则的块状，社区结构感知聚合度较差，那么开放式住区的规划结构该如何营造？

解决策略：以贯穿地块的城市支路为依托，核心节点由小区中心广场转变为交通节点广场，轴线则由纯步行道（人车分流）变成人车混行的车道（或限制车行的生活次街），在交通广场处打造核心公共服务设施，并于轴线两侧用底商或商业综合体等限定街道（图 4-12）。

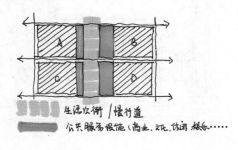

图 4-12

（3）静态交通组织方式的转变

传统的静态交通是"地面集中停车场 + 分散路边停车 + 地下停车"组合的方式，而开放式社区由于各组团独自管理，地面集中停车场的价值大大降低，因此，"城市支路上的路边停车 + 各组团道路内部的路边行车 + 地下停车"便成了新的静态交通组织方式。

（4）底商位置的选择

底商的作用包括提高城市道路沿线的商业氛围，保持城市街道的持久活力；结合住宅打造良好的、连续的、围合的城市界面，同时不受限制的建筑样式也能带来更加灵活的天际线。因此，底商应当尽可能选在商业价值高、人流量大的城市干道旁，以及城市发展轴、景观大道等主要交通沿线一侧（图4-13～图4-16）。

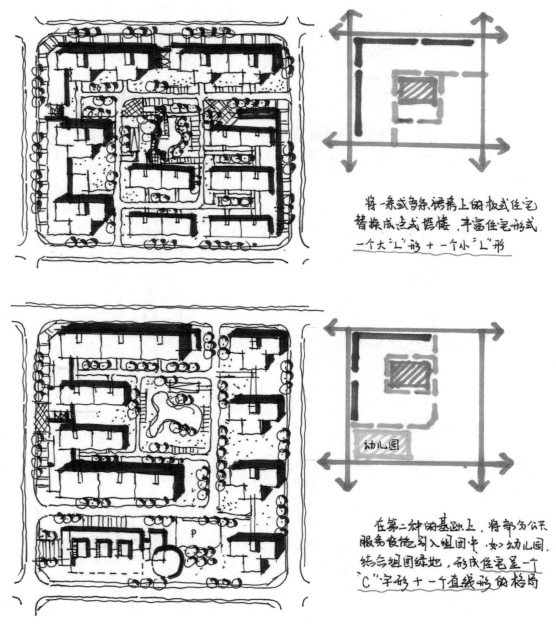

图 4-13

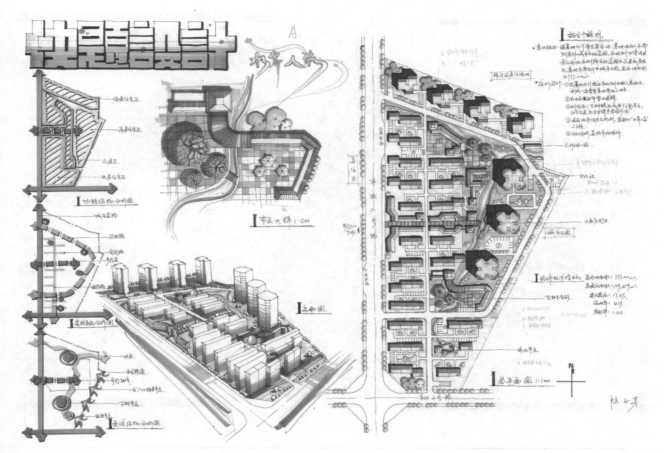

图 4-14

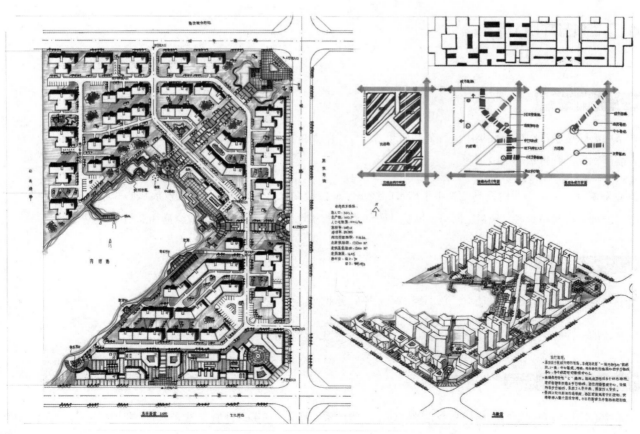

图 4-15

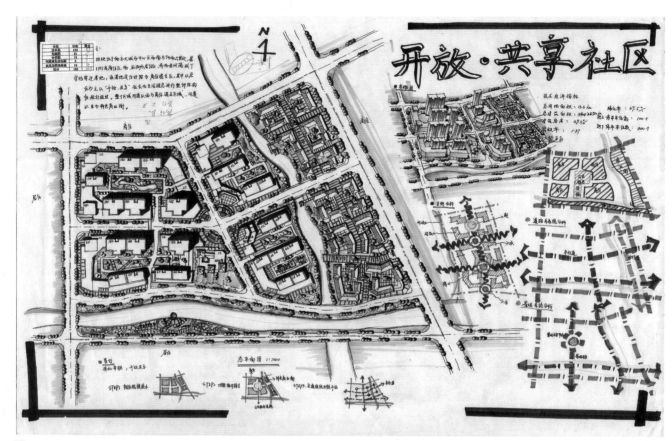

图 4-16

4.2 城市中心区

4.2.1 基本介绍

城市中心区是城市中供市民集中进行公共活动的地方，行政办公、商业购物、文化娱乐、游览休闲、会展博物等公共建筑都集中于此。

一般来说，城市中心区地段高度集中了城市的经济、科技和文化力量，作为城市的发展核心，城市中心区地段应具备金融、贸易、服务、展览、咨询等多种功能，并配以完善的市政交通和通信条件。

4.2.2 产业特征

主导功能：贸易咨询、金融债券、总部经济等高端服务业。

配套功能：保障城市中心区正常运作的商业、餐饮、文娱、公寓等。

4.2.3 空间结构布局

城市中心区地段强调空间结构是一个完整有序的空间体系，因而往往重点打造主要空间和主要轴线。主要轴线串联组织空间，主要空间包括入口空间、序列空间和核心空间等 3 个部分。最终在空间规划上，中心区通过建筑群体空间组织形成城市清晰的空间秩序和完整的空间形象。

4.2.4 交通组织

城市中心区地段拥有城市和区域中最发达的内部交通和对外交通系统，给予办事者以单位时间内最高的办事通达机会，但同时，城市中心区地段的拥挤程度也是片区中最高的。

道路交通的设计主要考虑两个方面：建立良好的对外交通联系；建立基地内不同功能区之间的交通联系。同时，根据用地规模和形态，设置不同功能和级别的道路，避免人车干扰，强化人车分行设计理念。车行道出入口设置应满足规范要求，距道路交叉口不少于 70 m，一般不设在城市主干道上，防止中心区车流和城市道路车流的交叉干扰。步行出入口一般会设置在城市主干道的一侧。

对于小街区密路网，由于城市中心区空间密度和人口密度较高，大量的人流、车辆使得其对道路交通的要求非常高，道路间距可控制在 80—120 m，地块一般在 1—3 hm² 为宜（中国城市规划设计研究院专业推荐 2 hm² 左右）。

4.2.5 绿化景观系统

绿化景观系统的主要作用在于烘托设计主题、强化空间特色。城市中心区由于人流量较大，硬质铺装面积较大，因而，要注重绿化空间的布置，发挥绿化、水体等景观的作用（图 4-17、图 4-18）。

对于外部空间的营造，要遵循尺度均衡原则，避免单薄无变化的处理手法。一般来说，城市中心区开放式的公共空间，可能是以硬质地为主的广场，可能是以水、绿地为主的绿地空间，也可能是两者的结合，其主要空间形态分为三种：团状、带状和环状。

绿化率为 20%
地块利用率低
绿化空间相互之间难以协调
增加了退界距离，易产生郊区化的城市环境氛围
绿地可能由不同的业主维护，增加了维护难度与成本
仅供少数人使用

图 4-17

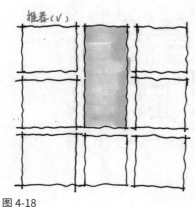

绿化率为 25%
地块利用率最大化
绿化空间可见性高，有较一致的景观风貌
建筑退红线距离最小化，营造城市环境氛围
由同一个机构来管理绿地，维护水平、效率较高
促进公众社会交流

图 4-18

4.2.6 建筑空间组合

中心区建筑类型多元，设计者要熟悉各种类型建筑的布局要求和形态尺度，灵活布局。商业建筑按照组合方式可分为点状式、体块式、线形式和面状式。其中，点状式和体块式基本上是独立式商业建筑，或者围绕内部中庭展开，或利用高层建筑在垂直方向上进行功能和形态组织；线形式和面状式对应为线形的商业街和复合商业街区两种类型。线形商业布局自由，形态丰富。

在城市规划快题中，可利用集中的商业聚合成空间节点，用裙房围合出空间感，用点状式高层建筑满足容积率。简单来说，就是利用商业街形成趣味性的步行空间，现代商业街 D/H 宜取 1—2，D 值以 10—20 m 为宜（由于商业步行街为商业店面临街面，故 H 一般为商铺的高度或商业裙房的高度，上面的高层建筑应适当后退，D 为商业街区步行街道宽度），从而形成良好的商业环境（图 4-19 ～图 4-23）。

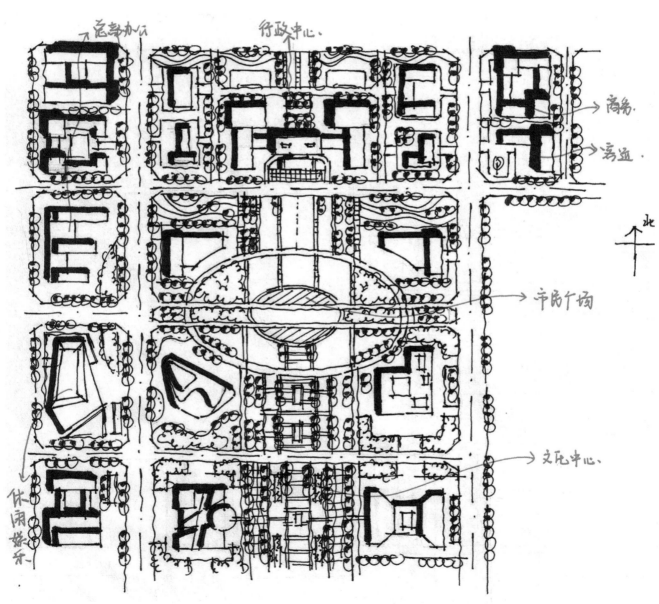

图 4-19

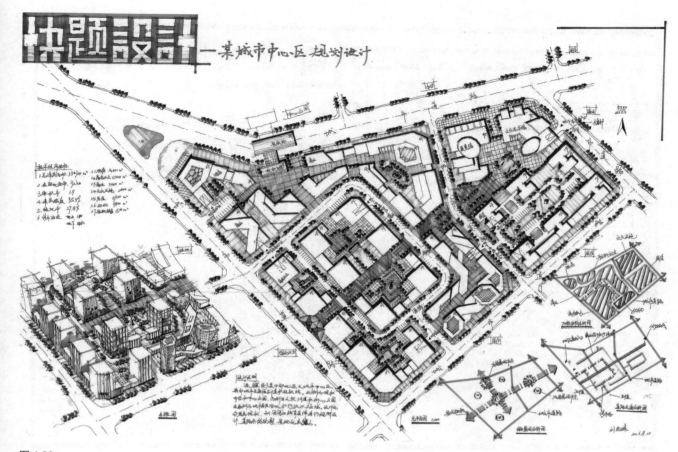

图 4-20

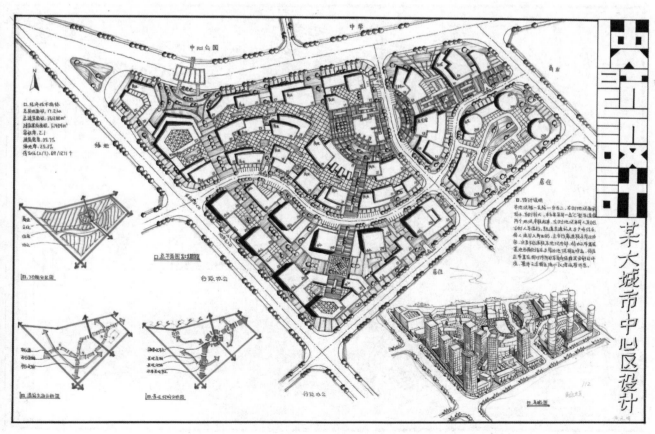

图 4-21

图 4-22

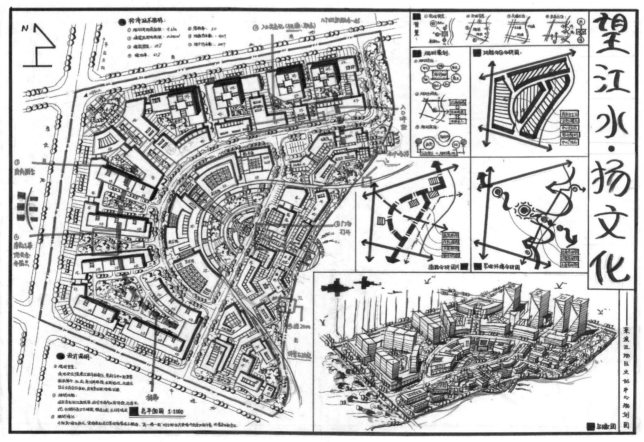

图 4-23

4.3 综合园区

4.3.1 基本介绍

综合园区快题设计包括校园、工业园区、科技园区、文创园区等设计类型。考试中以校园为基础衍生的大学生创业产业园和文创园区两种类型为考查重点。以下重点介绍校园和产业园。

（1）校园

城市规划快题考试中涉及的校园规划类型一般是独立的中学校园规划或大学校园部分规划，以及大学生创业产业园。规划设计要以人文主义、场所精神为设计理念，强调校园空间环境的合理尺度，营造便于师生交流、交往的室外空间环境。

（2）产业园

产业园指由政府或企业为实现一定的产业发展目标而创立的特殊区位环境，是区域经济发展、产业调整升级的重要空间聚集形式。

产业园（包括高新技术开发区、经济技术开发区、科技园、工业园、金融后台、文化创意产业园区、物流产业园区等，以及近年来陆续提出的各类产业新城、科技新城等）通过共享资源，克服外部负效应，带动关联产业的发展，从而有效地推动产业集群的形成。

4.3.2 校园规划设计要点

（1）功能结构布局

根据使用人群的不同，校园主要包括行政办公区、教学区、生活区、运动区四大类区域。行政办公区一般位于主入口附近，既可作为校园的形象展示窗口，也可防止外来车辆进入；教学区一般位于核心区，教学楼、实验楼、科研楼等可各自成组；生活区靠近次入口，方便学生出入；运动区宜相对独立，不宜离教学区、生活区太近，避免噪声干扰。

常规的组织方式有组团式、轴线式、格网式等。通过轴线确定校园空间序列，尽量南北向，以保证校园内主要建筑的朝向。空间序列一般为"校门前广场—校门—主干道—主广场—主体建筑"，主体建筑（图书馆、主教学楼等）围合形成主广场核心空间，且注意轴线两侧不能太空，需要有界面围合。常见校园功能分区如图 4-24 ～图 4-28。

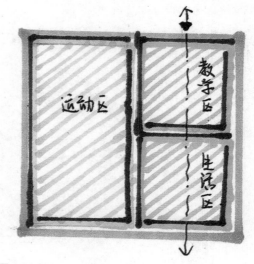

图 4-24

保证运动区南北朝向，靠近城市道路，以便设置次入口
满足教学区的规模要求，出入口结合教学区布置，利用轴线组织空间格局
结合轴线与次入口以及生活区的规模要求，在剩下的地块里适当布局

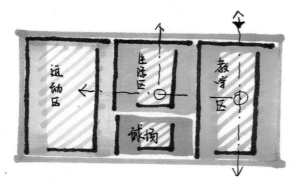

图 4-25

对于东西长、南北窄的特殊地块，优先确保运动区的南北侧布局，并位于城市道路两侧

教学区靠另一侧布置，中间布置生活区或实验教学区，剩下的用地可用于球场

主入口应位于南侧或北侧，除了南北轴线之外，还应有一条东西向的轴线或步行体系联系几大功能区

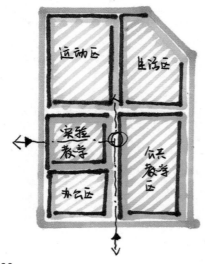

图 4-26

南北向长方形的地块，南北两大板块一半为"教学+办公"区，另一半为"运动+生活"区

主轴线组织起办公区、公共教学区、实验教学区，运动区与生活区结合布置，中间为通向次入口的车行道

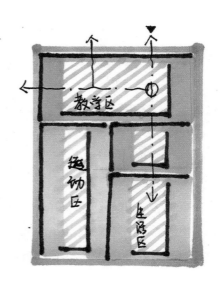

图 4-27

呈两个相互交错的 L 形空间

主要轴线串联起公共教学区、实验教学区或公共功能区以及生活区

主要步行轴线均位于教学区

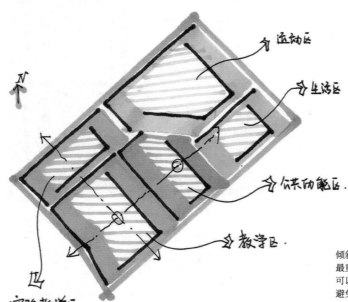

图 4-28

倾斜地形

最重要的是运动场、教学楼、宿舍楼的建筑朝向

可以利用公共功能区作为运动区、生活和教学区的过渡缓冲空间，避免三大功能区的组合过于生硬

（2）道路交通系统

校园内的道路交通要处理好车行和人行的关系，采用人车分行、局部人车共行的形式，常用的道路形式是外环或者半外环的形式。校园内静态交通的处理主要包括人行和地面停车问题，在校园入口处、主建筑群、体育馆、宿舍区附近应设机动车停车场，主要建筑区域附近可考虑集中设置自行车停车场，且每个建筑都应直接连接机动车道。步行系统应连续，联系主要生活区、学习区。

① 外部交通

a. 出入口不宜开设在交通量大的城市干道上，避免干扰城市交通及威胁学生安全。

b. 出入口应设置在交通便捷但车流量较小的城市道路（次干道、支路）上，应面向其服务的社区以及社区人流过来的方向。

c. 校园的出入口宜有 2 个以上，面积较大的校园可结合建筑布置增设出入口。

d. 主入口宜结合教学区和办公区设置，作为主轴线序列空间的起点，即校门前广场。可在入口处采用人车混行的方式，进入校园之后人车分流。

e. 次入口与运动区、生活区结合布置，方便废弃物和货物的运输，以及体育设施对外开放使用。

② 内部交通

a. 应使每组建筑都能直接连接车行道，建筑外墙面与机动车道间距为 3—5 m。

b. 尽可能不出现尽端路，如不得已出现，应控制长度，并设置不小于 12 m×12 m 的回车场。

c. 大型公共建筑应邻近机动车道，并设置独立的停车场。

（3）绿化景观处理

校园绿化景观系统的处理，考虑到实际使用人群主要为学生和教师，在构建室外空间环境时要根据实际使用需求设置不同开放程度的活动空间的层级，处理好景观轴线及核心景观区域之间的联系。校园的景观设计可以突出人文景观，体现丰富的校园生活。

（4）建筑空间组合

校园建筑切忌单体建筑布局零散，要成组团，有主次。同时，要注意单体建筑尺寸，避免体量失衡。常见的组合方式有行列式、围合式。要统一考虑建筑的车行、步行入口，也可通过连廊联系单体建筑，形成半围合空间，既丰富了空间层次，也有助于形成院落、广场空间（图 4-29）。

4.3.3 产业园规划设计要点

产业园通常由四大功能业态组成：研发部分、生产部分、生活部分和公共服务部分。

（1）研发部分

a. 研发是园区产业链中的最顶层功能，它和园区内其他各功能区联系密切，具有指示生产开发的作用。

b. 研发中心为研发人员提供单元式创业空间，为上升型企业提供创智场所。

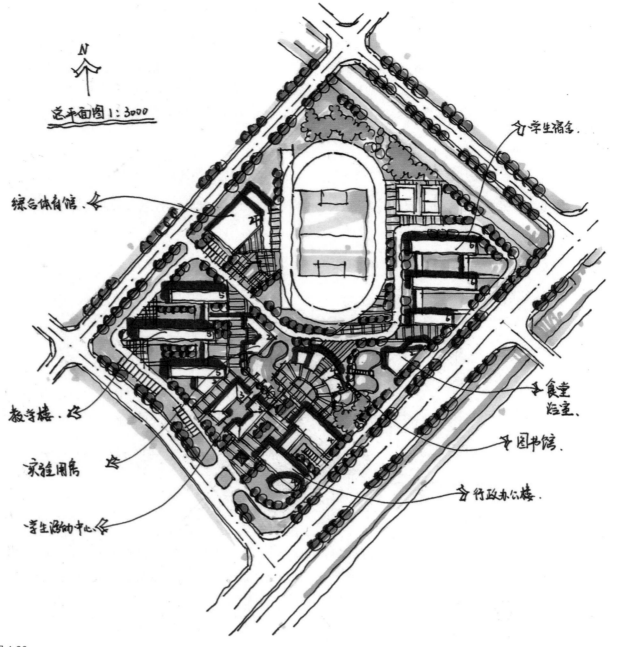

総平面図1:3000

学生宿舍.

综合体育馆.

食堂
浴室.

图书馆.

教学楼.

家属用房

行政办公楼.

学生活动中心.

图 4-29

c. 一般会配套产品展示、会议中心等功能，可选择靠近城市道路布置，强调其外向服务性，兼顾形象展示的作用（首选建议）。也可布置在园区中较为核心的地段，结合公共景观形成标志性景观。

（2）生产部分（图 4-30）

a. 生产功能处于园区产业链的中端，是将研发转变为成果的关键一步，也是生产性园区的核心功能，需要满足工艺生产流程的需求。

b. 通常由不同类型、一定模数（以 30 为模数）的厂房组成，按

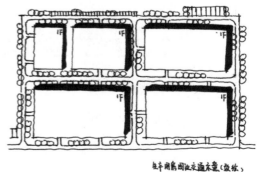

生产用房园区交通示意（做法）

图 4-30

照工业类型分为一、二、三类厂房。

（3）生活部分

a. 生活区根据不同人群可分为职工宿舍、单身公寓、高级人才公寓等，并对应各自不同的尺寸和形态。

b. 应满足居住之外的休闲娱乐、运动、餐饮等需求，提供相应的空间。

c. 应与其他各区保持一定距离，但也要有便利的交通，能够独立进出并到达其他各功能区。

（4）公共服务部分

a. 园区的公共服务设施主要包括商业服务设施和公共活动设施，其布局及建筑组合形式等各异。

b. 服务外部及内部人员的商业服务设施要兼顾内外，建议靠外布局，即临近城市道路布置。

c. 其他服务本园区的公共设施，包括运动、餐饮、培训等设施，应与居住的公共空间和本园区核心开放空间结合布置。

图 4-31 ～图 4-34 展示了优秀的产业园快题设计作品。

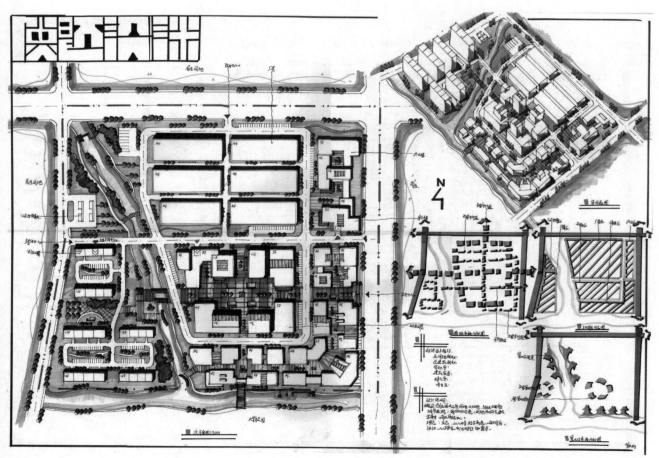

图 4-31

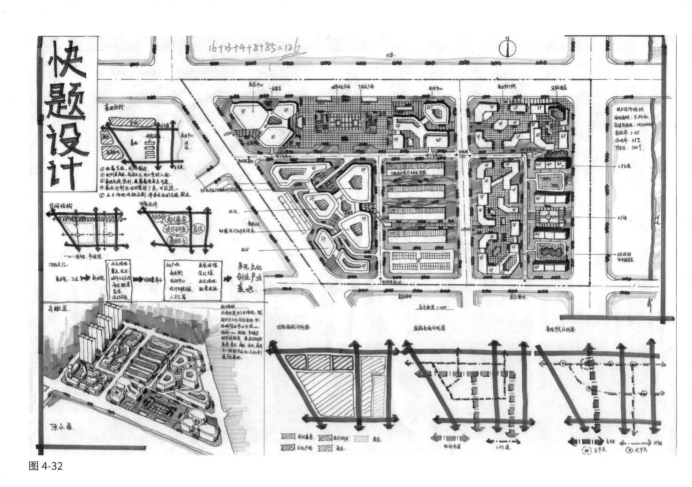

图 4-32

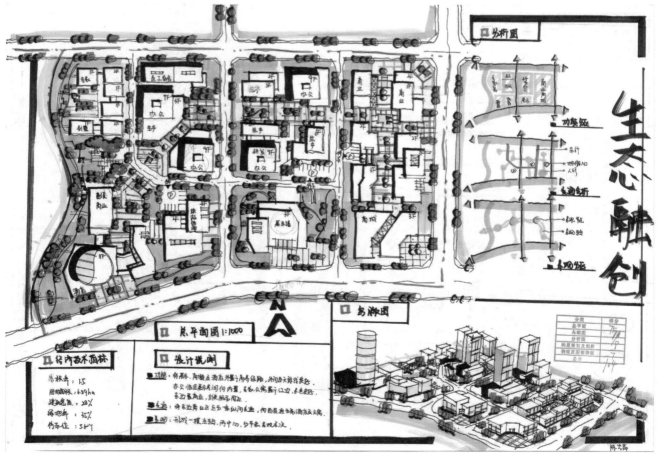

图 4-33

064

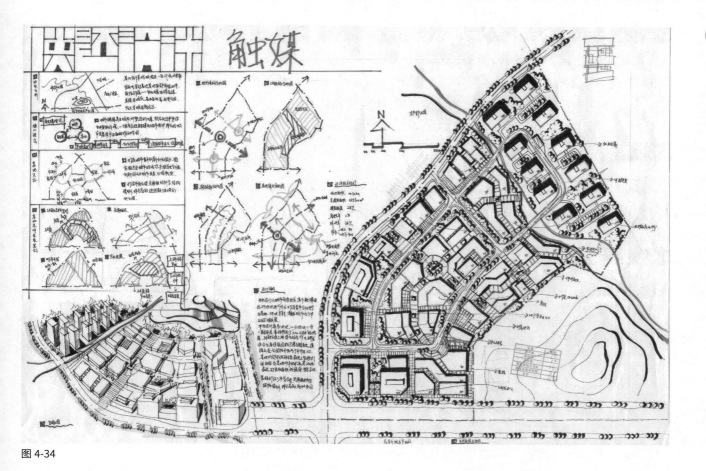

图 4-34

4.4 城市更新与历史地段

4.4.1 基本介绍

城市更新起源于西方国家，是为了应对城市发展过程中出现的一系列问题而提出的系统的解决方法。随着我国城市经济进入新常态，城市发展逐步由粗放式扩张转向内涵式品质提升，从增量规划转向存量规划，这表明城市更新将成为城市发展的主要手段（图 4-35）。

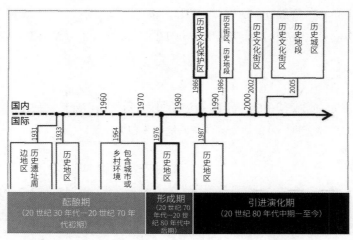

图 4-35

城市更新涉及原有地段的改扩建以及城市历史地段和旧城改造，对于快题而言，城市更新往往以住区规划（老旧棚户区更新改造）、营造社区公共活动空间、商业开发等内容为主。城市历史街区设计，主要从尊重原有文脉出发，拓展未来发展的可能性，以规划设计纪念性的历史文化中心及配套特色商业街区、特色旅游休闲街区、特色文化产业基地等为主要内容。

4.4.2 考查方向

考查方向包括城市更新的研究对象，如工业遗产、历史街区、旧城改造一类，以及城市更新的研究方法，如实例研究、城市设计、城市治理、存量规划、城市双修等。

4.4.3 规划设计策略

在给定的题干信息中，会有一些有助于解题的"题眼"（表4-1），可据此制定规划设计策略。

表 4-1　题干中的"题眼"

类别	关键词
地块综合区位	距离中心城区 ×× 公里，位于核心商务区边；临近景区、临近老城区
交通现状	快速路、交通性干道、国道；高架、轨道站点、公交站；道路功能、道路等级、断面形式
周边功能、用地边界	周边商务办公、公园、历史遗址、城市广场等用地影响地块功能布局，避免外部不经济性；用地边界为高级别城市道路、用地边界线、自然界限时，要谨慎开口
周边资源	江河湖海（大、中、小尺度水域）、山地丘陵、风景名胜区；古庙古塔、名人故居、历史文化街区
场地地形地貌特征	山地、陡坎、梯田等，以及其他场、坝、坪等平面场地要素
地块内部资源（自然禀赋、文化遗产）	水田、湿地、丘陵、密林、古树；文保单位、石板街、旧厂房、古井

4.4.4 规划设计要点

（1）功能结构布局

功能结构布局的设计要点包括历史街区中地段和街道的格局及空间形式；建筑物和绿化、旷地的空间关系；历史性建筑的内外面貌等，包括与自然和人工环境的关系，应予以保护。现代建筑与地段中心的历史建筑应分隔一定距离，从而突出历史建筑在地段的主体性（图4-36）。

（2）道路交通系统

建立以步行空间为主的交通空间系统，注意在历史地段步行街入口处的交通衔接，如公交车换乘点的设置；开辟相应的开放空间；设置适当的停车场地、入口标示等。

（3）绿化景观处理

可以通过不同形式的铺地、绿地设计，用抬高和降低地坪等方式改变底界面的视觉感受，保持原有的尺度与比例关系。可以通过小品、树木、廊子等的设计削减新建建筑物的尺度，以符合界面的方式延续旧有尺度关系。

（4）建筑空间组合

在道路、建筑物的转折或会合的地方，空间的连续形态常常被打断，因此可以通过设置开放空间，保持这些空间之间的相互联系，从而形成整体，同时要注意保留原有的历史地段的空间尺度与肌理（图4-36～图4-41）。

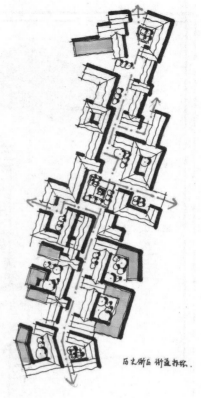

图 4-36

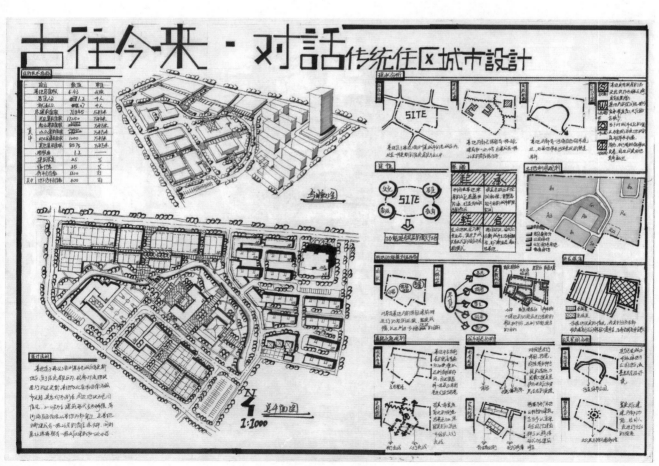

图 4-37

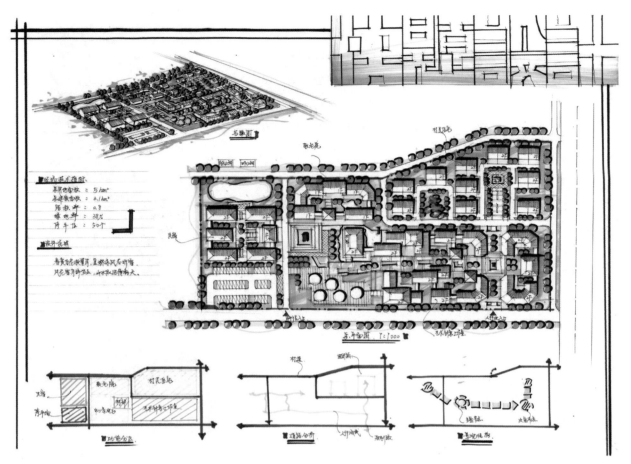

图 4-38

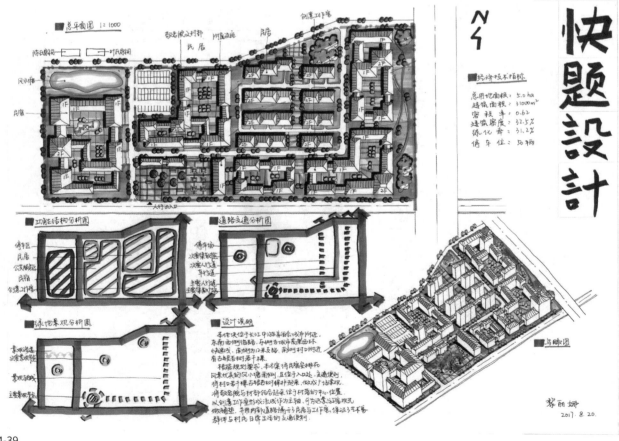

图 4-39

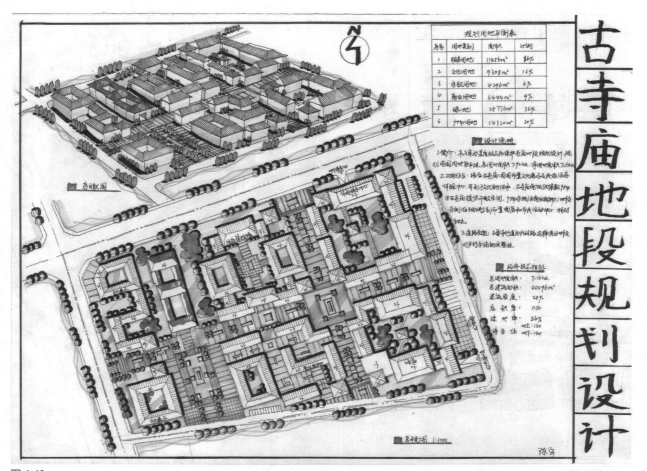

图 4-40

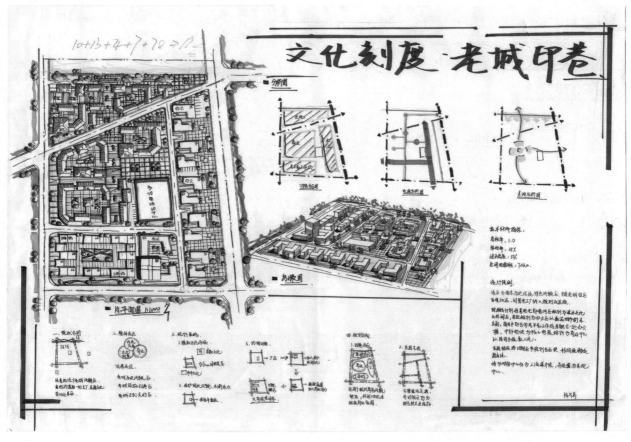

图 4-41

4.5 旅游小镇

4.5.1 基本介绍

旅游小镇（旅游服务区）建立在旅游度假产业发展的基础上。随着旅游行业的快速发展，旅游小镇通过定位核心客源市场，形成度假区特色，满足游客多方面的需求。

4.5.2 主要特征

（1）主题性（核心理念）

为增强旅游小镇的竞争优势，突出特色，以满足核心客源日趋多样化的要求，须设置特定的主题和专类的内容。

（2）文化性（核心特色）

文化与旅游开发缺一不可，旅游小镇要塑造地域特色文化、现代都市文化，结合旅游度假区共同设计。

（3）生态性（核心依托）

旅游小镇要注重生态性，减少旅游活动对生态环境的负面影响，建筑风格应与周围环境协调一致。

（4）康养性（疗愈作用）

康养性体现在自然环境与人文环境两个方面。自然环境即拥有良好、优美的景观绿化，并严格控制污染；人文环境指艺术化的建筑物、构筑物和休闲娱乐设施等。

4.5.3 设计要点

（1）功能结构布局

一般旅游服务区功能可大体分为 4 个部分。各功能应有独立的场地分区，并通过交通合理联系。

① 旅游服务综合管理
靠近景区入口处设计，包括旅游服务区咨询中心、景区管理中心、停车场。

② 商业休闲
满足度假游客的购物休闲需求，包括商业综合体、特色商业街、星级酒店、旅馆、民宿、室外活动场地等。

③ 文化娱乐
承担具有地域特色的文化展演功能，包括展览中心、会议中心、接待中心(可结合酒店布局)、演艺中心、室外表演场地等。

④ 居住
包括本地民居、民宿、职工宿舍。

（2）道路交通系统

① 对外交通

充分考虑旅游服务区与城市交通的关系，通常以快速路、国道作为景区的主要联系通道，停车设施、换乘设施靠外布置，同时减少快速路、国道上的机动车出入口。

② 对内交通

解决旅游观光等问题，主要以步行体系联系各类分区，这是合理组织旅游服务区的重要环节。

（3）景观环境

旅游服务区内的环境以自然环境为主，适当结合人工环境，根据游览路线设计一系列景观节点，并根据旅游服务区的主体与各处功能，打造不同节点的活动、特色项目，赋予场所意义（图4-42～图4-45）。

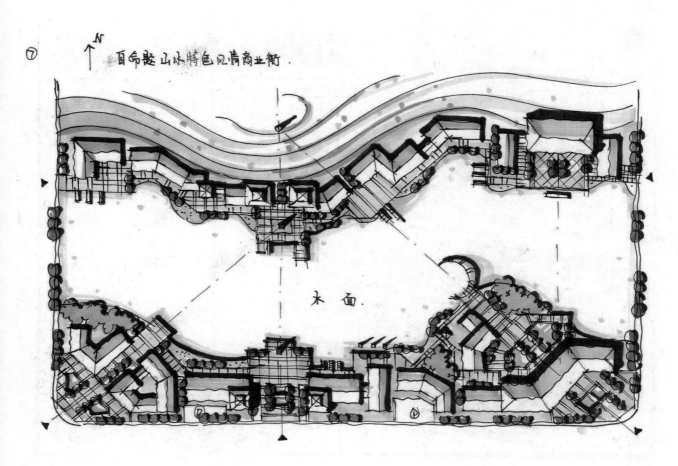

图 4-42

图 4-43

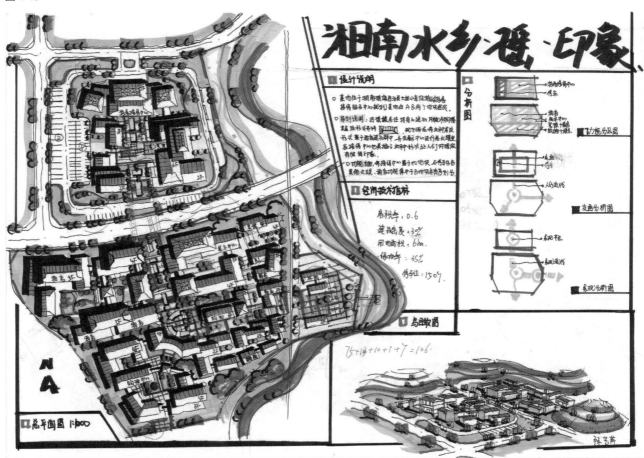

图 4-44

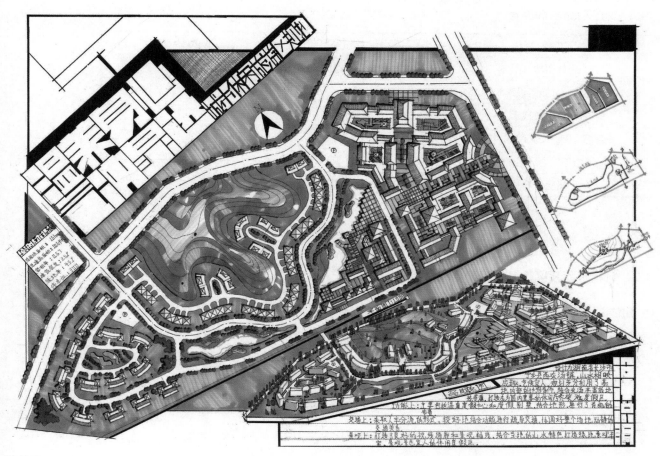

图 4-45

4.6 概念规划

4.6.1 基本介绍

概念规划是介于发展规划与建设规划之间的一种新提法，倾向于勾勒在最佳状态下达到理想化的蓝图，强调思路的创新性、前瞻性和指导性（未列入规划体系中）。

概念规划强调简化内容，区分轻重缓急，注重长远效益和整体效益。概念规划提供客观的、全局性的发展策略与设想，在微观层面具有不确定性、模糊性和灵活性的特点，微观层面的内容可根据环境的变化及时调整。

4.6.2 设计思路

（1）找准定位，根据定位确定用地类型的分配

城市中用地构成须依据任务书对不同地段进行区别化对待，但整体而言，各项用地均在一定范围内波动（表 4-2）。

表 4-2　规划城市建设用地结构

用地类型	占比（%）	人均指标（m²）
居住用地（R）	25—40	45—70
公共管理与公共服务设施用地（A）	5—8	≥5
工业用地（M）	15—30	—
道路与交通设施用地（S）	10—25	≥12
绿地与广场用地（G）	10—15	≥4
公用设施用地（U）	5—8	≥5

（2）分析现状及区位条件，确定主体结构

① 确定发展核心和发展主轴

一般以 A+B+G（以 A 为主）打造核心区域（题目相关语：靠近主城区、山水环绕、交通会合点……）。主轴（发展轴线）一般沿一条主要干道或者水系发展，以 B1+B2（B1 为商业服务，B2 为前后办公）打造，但须注意不要设置一整条连续的 B1+B2 轴线。

② 确定主体分区

a. 发展核心和发展主轴之外主要布局成片的居住区或工业区，小城镇有大片农林用地。

b. 工业区与居住区之间设防护绿带分隔。

c. 居住片区考虑社区生活圈的布局，须布置相应的配套设施（A+G+B1）。

d. 工业片区考虑布局物流仓储用地（W）和相应的基础设施（S、U）。

（3）组织路网结构

① 了解各类道路系统

快速路：城市对外的道路，大城市通常设计成环路，小城市则偏于一侧，必要时设置辅路（次干道、支路不可直接与其相交）。

主干道：城市主要客货运输路线，宽度为 30—45 m。

次干道：联系主干道，宽度为 25—40 m。

支路：各街区间联系道路，宽度为 12—15 m。

② 注意不同等级道路间距

常规而言，快速路道路间距为 1500—2500 m，主干道为 700—1200 m，次干道为 350—500 m，支路为 150—250 m。

③ 路网密度划分

路网划分的地块面积一般为 2—4 hm²；新区路网密度小于老城路网密度；核心区域地块面积划分较小，边缘区域地块面积划分较大。

④ 道路跨河（铁路）

对于较宽的河流、铁路等，一般主干道可以跨越，次干道少跨越，支路尽量不跨越。若道路需要跨河，尽量与河流正交，且应从河面较窄处跨越。

（4）布局用地性质

根据结构和分区布局各类用地，各类用地代码（表4-3）需要记清，至少记到中类，一些特殊用地可记到小类（如A33、B14、S42）。

表4-3 城市建设用地代码

代码	用地类别中文名称	英文同（近）义词
R	居住用地	residential
A	公共管理与公共服务设施用地	administration and public services
B	商业服务业设施用地	commercial and business facilities
M	工业用地	industrial,manufacturing
W	物流仓储用地	logistics and warehouse
S	道路与交通设施用地	road,street and transportation
U	公用设施用地	municipal utilities
G	绿地与广场用地	green space and square

各区域的用地配比要协调，注意各区域配套设施（公共服务 + 基础设施）。

（5）各类用地性质布局特点

① 居住用地布局特点

注意生活圈分级和相应的服务设施配比要求；居住区的布置方式包括集中布置、分散布置、轴向布置。

② 商业用地布局特点

主要有3种商业类型：沿主干道分布的商业；在景观较好的地段分布的商业；与居住区配套的商业。

③ 绿化与广场用地布局特点

a. 开敞空间体系（G1、G2、G3）。

b. 沿江、河流处布置广场。

c. 注重各板块之间的沟通关系。

d. 注意整体空间形态导向。

（6）布局要求

a. 充分利用地形，减少工程量。在确定道路走向和宽度时，节约用地，利用地形减少土方量，选线绕过地址不良地段（可以是自由式，但尽量使交通性道路保证顺畅）。

b. 考虑城市环境和城市面貌要求：走向利于城市通风、防噪声，结合道路功能贯通城市自然景观、历史文化、现代建筑，丰富城市景观。

c. 满足敷设管线及人防工程要求。

（7）组织蓝绿景观体系

① 景观系统
包括"核心景观＋组团景观"。在景观与商业用地的互动上，在较好的地带布置商业，同时注意对河流水系等的利用。

② 绿地系统
注意形成"点—线—面"这样的完整体系，以及 G1（公园绿地）、G2（防护绿地）、G3（广场用地）等的区分与应用。

③ 水网系统
在一些水网城市可以组织水网景观。

（8）总结

确定几大功能区：商业区、产业区、旅游风貌区等综合服务功能组团、居住组团、产业组团等。确定核心：包括城市分区核心、各片区的核心。确定轴线：生活轴、发展轴、文化轴等。确定空间模式：组团式、单中心模式、多中心模式等。概念规划快题一般都是单中心模式或生态性核心＋功能性核心，组团式更多出现在地形条件比较复杂的地区。

4.6.3 策划

城市规划快题考试中涉及的通常是城市设计领域的问题和要求，与规划其他阶段的工作相比，城市设计更注重对城市的形态和空间环境进行综合布局和设计，其核心任务就是对城市中的各类要素进行系统化的整合与创新。而城市设计过程中的前期策划，则是针对城市设计的核心问题，用系统化的理论和方法对城市的各类要素进行科学、合理的组织和布局。

策划实际上是一种有目的性的创造，如果没有前期的策划，城市设计很难完成具有针对性的空间形态布局，这也是为什么很多城市设计缺乏特色与文化内涵，呈现千篇一律、千城一面的尴尬境况。合理的、行之有效的策划方案对城市设计前期的功能定位、目标体系、产业发展方向等方面能够起到很好的引领作用（图 4-46、图 4-47）。

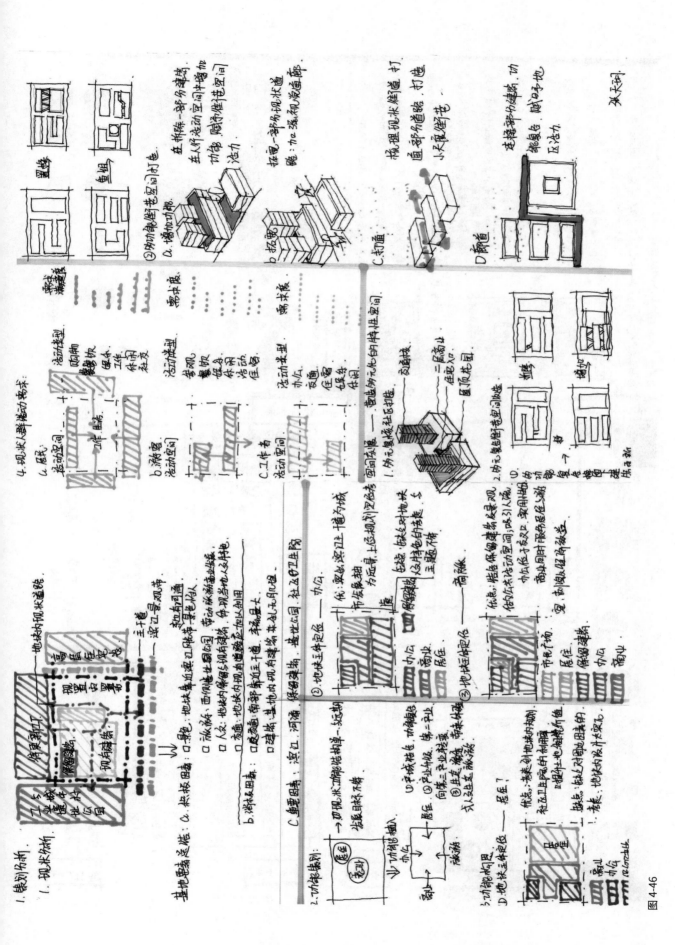

图 4-46

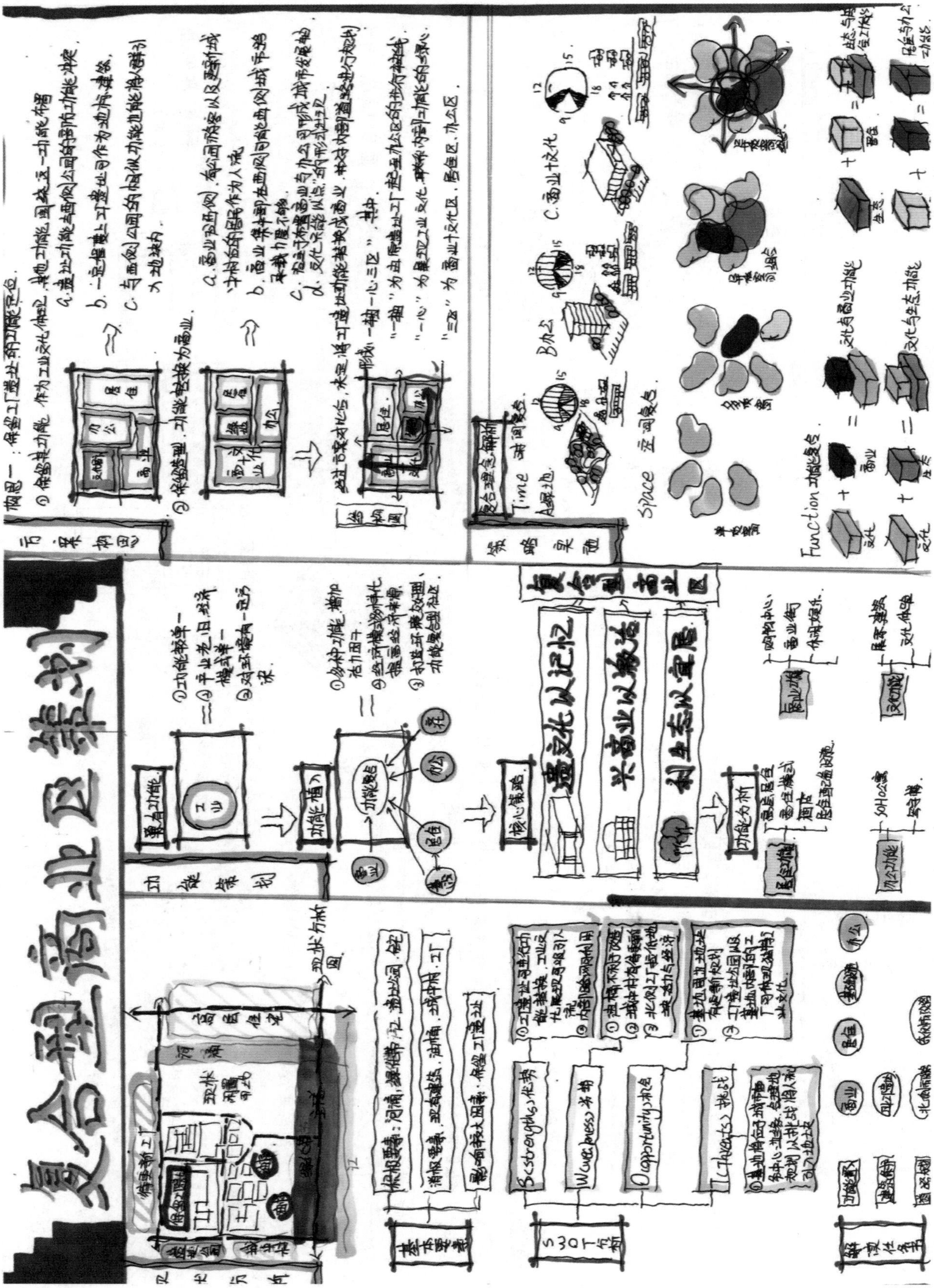

図 4-47

5

城市规划快题例题解析

5.1 传统住区

——建筑与城市学社 2012 年夏令营竞赛题目

5.1.1 设计任务书

（1）规划任务与条件

长江三角洲某大城市中心地区拟建设一城市住宅小区，基地总用地面积约 11.3 hm²，北侧为城市主要景观大道，其他为城市支路；基地外围西侧为商住用地，西南为公园水面，南侧为海拔 60 m 的城市山体公园（远期规划为高尔夫球场），北侧为商务办公区，其他为已建住宅小区。景观大道上设有公交站点，未来在基地北侧有地铁经过并设有地铁站，地铁站位置未定，考生应结合自己的规划方案，提出地铁站适合建设的位置。另外，基地内有现状鱼塘、古井和密林（详见图 5-1）。

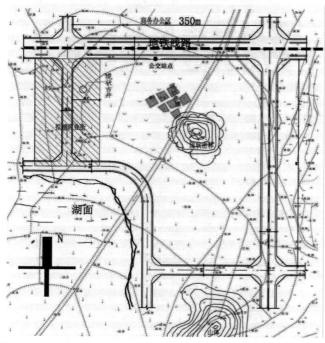

图 5-1

（2）规划设计项目

a. 住宅建筑以多层为主，可适当考虑高层。

b. 住宅层高 2.8 m，户型以 90 m² 为主。

c. 容积率 1.2，绿地率大于 35%，日照间距系数不小于 1：1.2，建筑高度不大于 35 m。

d. 建筑后退主干道红线不小于 8 m，后退支路红线不小于 5 m。

e. 小区住宅须按 0.8 配置停车位，1/4 以上的停车位设于地上。

f. 按照小区特点配置基本公共设施。

（3）规划设计条件

应充分协调基地周边环境，有机组织小区的内部空间结构，充分尊重基地现状地形环境，营造富有特色的现代中高端小区。

（4）规划设计成果要求

总平面图 1 ∶ 1000；规划构思与分析图若干；总体鸟瞰图；主要技术经济指标；简要设计说明（应体现设计者的构思和方案特点）。

5.1.2 思路解析

该项目位于某大城市中心地区，说明该地段商业经济氛围较好，北侧临近主要景观大道，同时结合公交站台与地铁站布置，打造地铁经济，需要考虑临主要道路的城市界面营造，以充分提高地段经济价值与地块活力。

基地西南侧为公园水面，南侧为城市山体公园，须考虑景观要素的渗透作用，可打造开敞的视线通廊。基地内部有现状保留要素，可结合现状鱼塘与密林塑造小区内部的核心景观，现状古井则结合商业街形成景观节点空间。结合题目给定的容积率可综合判断，营建项目以多层为主，辅以小高层进行设计。居住区内还应考虑规划布局幼托、托老所、会所、小区管理等公共服务设施，满足居民的日常生活服务需求。

5.1.3 课堂示范

总体来看，本题目难度中等偏下，设计者须结合基地现状，充分利用内部要素，对所给类型住宅进行合理的规划布局，同时打造丰富的核心景观，以此突出亮点（图 5-2）。

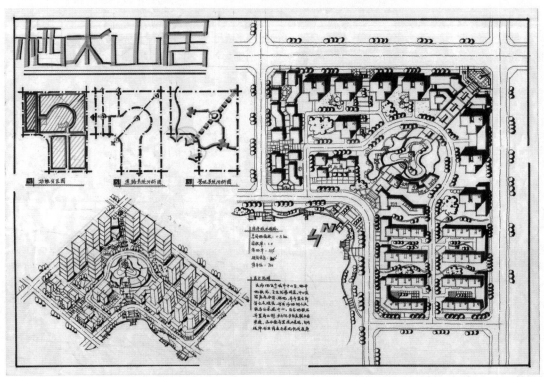

图 5-2

5.2 开放社区——某城市新城区详细规划设计

（1）项目背景

某地位于南方某大城市中心区西南方向 2 km 处，基地北侧和东侧是商住区，南、西侧为居住区，有两条河流成 T 字形穿过基地。该基地定位功能为商住混合区，以居住为主，以"开放、共享"社会化生活理念进行整体结构性规划组织，规划道路及河道不能修改（图 5-3）。

（2）规划设计条件

a. 规划区范围内用地面积 13.5 hm²，其中水域面积 2.1 hm²，城市道路用地面积 1.4 hm²。

b. 基地内建筑高度不超过 60 m；建筑密度小于 30%，绿地率大于 40%，容积率不大于 1.6（其中商业建筑面积不得超过建筑总面积的 25%）；住宅建筑日照系数为 1.0，点式塔楼日照间距系数为 0.75。

c. 建筑后退城市支路 5 m，退城市次干道 8 m，退河流岸线 8 m。

d. 住宅户型由考生自行决定，按规划人口规模及周边环境确定社区服务设施的项目、规模与位置，规划配建一所 6 班幼儿园（占地 2000 m²）。

（3）成果要求

a. 总平面图 1∶1000，要求标注层数和主要建筑物的名称，体现建筑、道路、停车与绿化环境之间的关系。

b. 全景鸟瞰图。

c. 简要设计说明及技术经济指标。

d. 结构分析图、功能分析图、交通分析图、景观系统分析图。

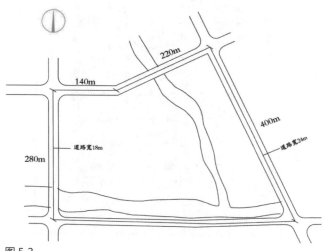

图 5-3

5.2.2 思路解析

基地邻近南方某大城市中心区，定位功能为商住混合区，结合"开放、共享"的生活理念可判定该题以生活圈为理念。

基地内部有现状河流，景观面要素良好，可结合滨水空间重点打造亲水氛围良好的功能业态，以提供公共服务、休憩空间。

开放社区应以"小街区、密路网"的形式营造，不再划分为居住组团，而是以生活街区的形式（1—3 hm²）来进行规划设计，综合判断道路网密度会整体增加。

5.2.3 课堂示范

如图 5-4。

图 5-4

5.3 城市中心区——2015 年大连理工大学考研初试真题

5.3.1 设计任务书

（1）场地条件

北方某中等城市中心区的某一滨水地段，规划总用地面积 14.37 hm²，场地形态与位置参照图 5-5。场地地势平坦，北部临湖，南部紧邻城市次干道（城市生活性干道）。西侧、南侧、东侧分别为已建成的商业用地、办公用地、居住用地。

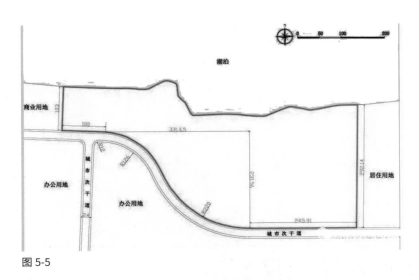

图 5-5

（2）规划设计条件

规划设计一个集商业、办公、文化、居住为一体的城市中心组团，使其成为城市中心区滨水地段的重要标志性城市空间节点，主要规划设计条件如下：容积率 1.5；绿地率不低于 30%；建筑密度不高于 30%；建筑后退用地红线不小于 15 m；公共建筑面积与居住建筑面积比为 2：1；停车位为住宅 1 辆 / 户，商业 1 辆 /100 m²。

其他说明：本地块内不考虑设置中小学和幼儿园，板式住宅日照间距系数为 1：1.3，点式高层住宅日照间距 40 m，应满足规划设计、建筑设计、消防设计等相关规划的基本要求。

（3）成果要求

a. 总平面图 1：1000，要求标注各设施的名称及层数等，标注地下车库出入口位置。

b. 沿街立面图 1：1000。

c. 鸟瞰图或轴测图，不小于 A3 图幅。

d. 规划分析图：空间结构分析、道路系统分析、绿化系统分析等为必需，其他自定。

e. 设计说明及规划设计指标一览表。

（4）评分标准

城市环境的协调性与立意的新颖性，平面布局的合理性与场地设计的规范性，建筑群体的有序性与公共空间的整体性，图面表现的美观性与设计成果的完整性。

5.3.2 思路解析

基地位于北方某中等城市中心区的某一滨水地段，场地地势平坦，北部临湖，需要考虑滨水空间的打造，可结合滨水风光带及特色商业街进行规划布局，南部紧邻城市次干道，为解决基地内部动态、静态交通的唯一路径。

规划设计一个集商业、办公、文化、居住为一体的城市中心组团，由此可判定该题为功能复合的城市中心地段，以成为城市中心区滨水地段的重要标志性城市空间节点为规划定位与目标。设计者须重点对不同业态的功能进行合理选址，且进行建筑形式上的有效区分。

题目中明确了评分标准中包括城市环境的协调性与立意的新颖性，所以需要有一定的策划分析帮助设计者明确自己的规划定位，并且结合区位合理地进行规划布局。

5.3.3 课堂示范

如图 5-6。

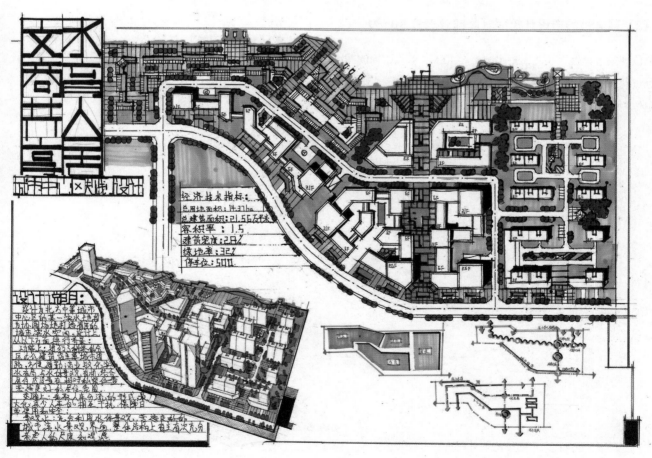

图 5-6

5.4 大学科技园（孵化中心）
——2020 年昆明理工大学考研初试真题

（1）场地概述

西南大学城某大学为适应产、学、研需求，拟建国家级大学科技园区，提升创新创业水平。本规划场地东邻教职工住区；南邻 3 所大学（均已投入使用）；西邻该大学二期教学用地（净用地约 50 hm²，已完成修建性详细规划方案）；北邻城市滨水公园（滨水公园以北为该学校一期用地 137 hm²，有教学楼、办公楼、体育训练中心、宿舍等，均已投入使用）。

本规划场地净用地约 27 hm²，为科研教育用地，地形较为复杂，自西向东逐步降低，整体高差约 9 m。规划功能布置须安排以下内容：创新创业综合服务中心（用地约 1.5 hm²）、各类研究中心（用地约 1.5 hm²）、研发楼（3 栋，用地约 1.5 hm²）、大学生实践中心（用地约 1.5 hm²）、文化影剧中心 + 科技展厅（用地约 1.5 hm²）、科技人才公寓（3 栋，用地约 1.5 hm²）、学生宿舍（6 栋，用地约 3 hm²）、体育训练中心（推荐综合共享理念，用地面积约 4.5 hm²）、小学（24 班，含 100 m 跑道，生均用地不超过 15 m²/ 人）、幼儿园（12 班，生均用地不超过 15 m²/ 人），其他功能配套及服务设施依据规划自定（图 5-7）。

（2）整体性城市设计梳理（此部分满分 30 分）

上位规划解读及评析（底图比例 1：4000，以考试用的图纸为底，用透明纸绘制图纸并附文字说明）；透过整体性分析，解读周边用地条件，提出改造提升引导方案，并对本规划用地提出设计指导；停车位为住宅 1 辆 / 户，商业 1 辆 /100 m²。

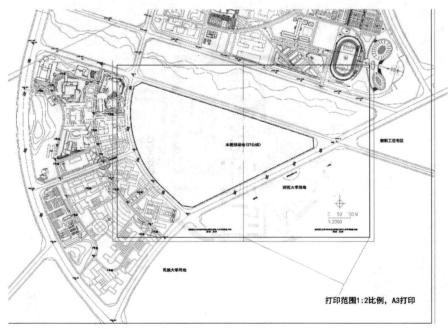

图 5-7

（3）修建性城市设计方案（**此部分满分 120 分**）

结合上位规划解读及评析、周边环境及地形，做出本规划场地科学的规划设计，可考虑地下空间及停车场的使用。建筑高度不超过 80 m，容积率在 2.0 左右，建筑密度不大于 30%，绿地率大于35%。

要求达到修建性详细规划阶段的城市设计深度（底图比例 1：2000）。图纸内容包括总平面图规划图（70 分，1：2000）；整体或局部鸟瞰图（或轴测图）（30 分）；设计说明及技术指标、相关分析图（交通、绿化、景观等不限，分析图比例不限）（20 分）。

5.4.2 思路解析

该项目位于西南大学城某大学区，为适应产、学、研需求，拟建国家级大学科技园区，提升创新创业水平，可知该题明确要求以创新创业产业园结合大学内部功能进行规划设计。

基地北侧为公园水面，须考虑景观要素的渗透作用，可打造开敞的视线通廊。地形较为复杂，自西向东逐步降低，整体高差约 9 m。具有高差的地段须考虑道路开设方向，减少土方量，坡比需要控制在一定范围内。

结合题目要求，需有城市设计层面的策划分析以及修规设计，内容较多，难度中等偏上，对设计者的能力有一定要求。

5.4.3 课堂示范

如图 5-8。

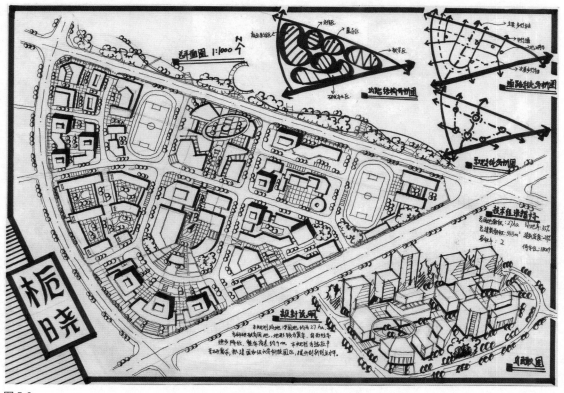

图 5-8

5.5 城市滨水区复兴建设规划
——2019 年中南大学考研初试真题

5.5.1 设计任务书

（1）场地概述

该项目位于城市新城滨水区，地块是原船舶厂旧址，有留存运输码头。基地北边是已开发商品房，西边是金融和居住区，南边是传统工业群，东侧为河流，有防洪堤，设置 10 m 防护绿带。北临潇湘路，宽 24 m；西临芙蓉路，宽 24 m，其中人行道为 5 m。总用地面积 7.99 hm²，净用地面积 7.22 hm²（图 5-9）。

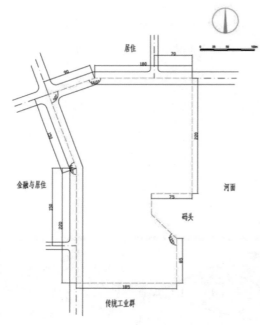

图 5-9

该区作为城市首要复兴点，可带动周边发展，形成该区域的文化、商业、服务中心。

（2）建设项目内容

规划功能布置须安排如下内容：风情商业街、购物中心、文化交流中心、文化展示中心、文化传媒、办公创意工坊、青年旅社。

（3）规划设计原则

规划要满足附近居民及旅游观光客的需求，在地块内选取合适的地方做主要入口和景观广场，既体现时代特色，也体现基地风貌，集体验式商业购物和休闲娱乐为一体，打造一个商业氛围浓厚、文化气息活跃的新区中心。基地主要为商业、旅游和办公的结合，在基地内部，文创与交易、商务办公、休闲商业各功能自由组合，不限面积和比例，满足需求即可。

（4）图纸内容

总平面图规划图（70分，1：2000）；整体或局部鸟瞰图（或轴测图）（30分）；设计说明及技术指标、相关分析图（交通、绿化、景观等不限，分析图比例不限）（20分）。

5.5.2 思路解析

该项目位于城市新城滨水区，地块是原船舶厂旧址，有留存运输码头。由题意可知，该基地有良好的工业遗址保留要素，因此须考虑结合船舶厂遗存重点打造承载城市记忆的公共空间。

基地东侧为河面，须考虑景观要素的渗透作用，可打造开敞的视线通廊。

通过题目中给出的"作为城市首要复兴点，可带动周边发展，形成该区域的文化、商业、服务中心"可知，该地段涉及城市更新相关理念，所以规划设计应重点突出所营建的功能对后期地块的经济、活力的引导作用，建筑功能、公共空间、步行环境等方面的塑造须做到功能融合、开放共享，以此体现时代特色，也体现基地风貌，集体验式商业购物和休闲娱乐为一体，打造一个商业氛围浓厚、文化气息活跃的新区中心。

5.5.3 课堂示范

如图 5-10。

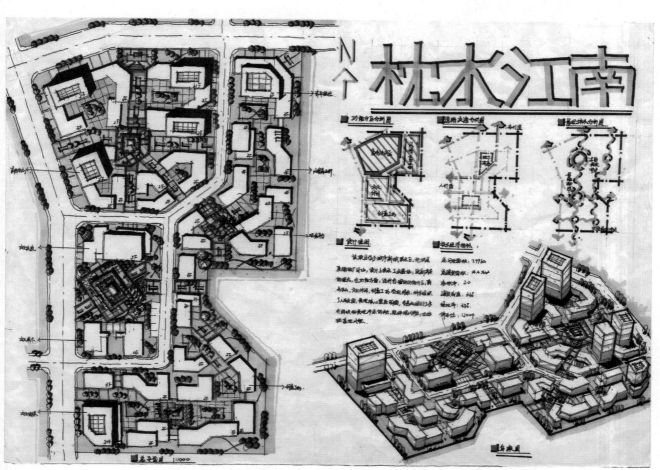

图 5-10

5.6 历史地段
—— 2020 年华南理工大学考研初试真题

（1）基地概况

基地位于珠江三角洲某城市老城区待更新地区，位于传统居住区内，现需对此地块进行改造，场地基地平整。北面与西南为城市支路，其余为原有街巷，基地周边地块为老旧住宅，以 2—4 层为主，建筑形式多为骑楼，有河涌自西向东从基地内部穿过。基地内部建一栋 26 层的商住综合体，同时原址保留了一栋文化建筑和一处小学。基地更新后，功能应以商住混合为主（图 5-11）。

（2）设计成果要求

a. 土地利用规划图（1：2000，至少划分至种类，鼓励用地混合，应注明混合比例）。

b. 城市设计总平面图（1：1000）。

c. 编写该基地的城市设计说明（1000 字左右），需要包括以下要点及相关论证：基地发展定位、用地功能策划布局、开发强度论证、道路交通规划（包含道路或街巷剖面）、城市形态分析、公共空间分析、技术经济指标表（请按右侧格式填写）、鸟瞰图或轴测图（透视或轴测角度自定，A3 图幅）。

项目		数值	单位
基地总面积			公顷
居住人口			千人
就业人口			千人
总建筑面积			万平方米
其中	居住建筑面积		万平方米
	商业建筑面积		万平方米
	办公建筑面积		万平方米
	幼儿园建筑面积		万平方米
	其他建筑面积		万平方米
容积率			—
建筑密度			%
绿地率			%
停车泊位数			泊
其中	地下停车泊位数		泊

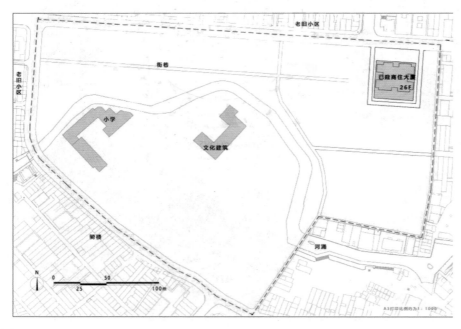

图 5-11

要求：A2 幅面图纸两张或 A3 幅面四张绘制或扫描纸。

5.6.2 思路解析

基地位于珠江三角洲某城市老城区待更新地区，位于传统居住区内，现须对此地块进行改造，场地基地平整。结合区位分析，该地段位于城市棚户区，可能会涉及建筑老旧、设施损坏、风貌破败等因素，那么，将城市微更新、有机更新的理念作为策划方面的入手点即可。

根据基地情况，北面与西南为城市支路，其余为原有街巷，基地周边地块为老旧住宅，以 2—4 层为主，建筑形式多为骑楼，有河涌自西向东从基地内部穿过。道路须保留原有街巷，延续整体空间肌理，同时景观方面要素良好，可适当考虑布局开敞空间。

基地内部建有一栋 26 层的商住综合体，同时原址保留了一栋文化建筑和一所小学。对于保留要素，需要重点考虑"留、改、拆"三方面的处理手法，这部分可体现在策划分析当中。

对于城市重点地段，设计者须结合当地的历史文化风貌、建筑特色合理进行规划布局。备考过程中应当结合所考院校，提前了解，做到有备无患。

5.6.3 课堂示范

如图 5-12。

图 5-12

5.7 旅游服务区
—— 2012 年同济大学考研初试真题

5.7.1 设计任务书

（1）项目背景及规划条件

江南某历史城镇，也是重要的风景旅游城镇。规划基地位于镇区入口地段，其中有一座保存完好的老教堂，西南侧为规划保留的传统民居。北侧的祥浜路为镇区主要道路，向西通往主要景区，向东出镇连接国道，东南侧的明珠路为城镇外围环路的一段。该区主要作为城市首要复兴点，带动周边发展，形成该区域的文化、商业、服务中心（图 5-13）。

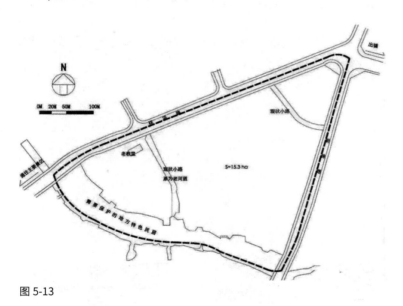

图 5-13

（2）规划设计要求

a. 该基地规划应符合城镇入口地区形象及空间要求，并充分考虑历史城镇和风景旅游城镇的风貌与景观要求。

b. 该基地规划主要功能为旅游观光服务的商业购物、旅游观光酒店、住宅及相应配套设施等，应综合考虑绿地、广场、停车及设置城镇入口标志物等要求。

c. 根据规划条件，合理拟定该基地的发展计划纲要（包括该基地的发展政策要点及功能配置，文字不超过 200 字），编制该基地规划设计方案。

d. 规划各类用地布局应合理，结构清晰。组织好各类交通流线与静态交通设施，重视城镇主要道路的景观设计。住宅建设应形成较好的居住环境，配套完善，布局合理。

（3）规划设计成果

a. 基地发展计划纲要。

b. 规划设计总平面图（1：1000）。

c. 表达规划设计概念的分析图（比例不限，但必须包含规划结构、功能布局、交通组织和空间形态等内容，应当准确体现发展规划纲要）。

d. 局部的三维形态表现图或鸟瞰图。

5.7.2 思路解析

基地位于江南某历史城镇，也是重要的风景旅游城镇。由此可知，该地段具有良好的文化元素，同时区位较好，是旅游风景区的门户地段。

根据项目背景，规划基地位于镇区入口地段，有一座保存完好的老教堂，西南侧为规划保留的传统民居。对于保留要素可进行相关功能的置换，重新置入功能业态，使其焕发新的生机活力。

根据项目背景，道路交通比较便利，但须注意国道方面的车行出入口开设位置以及数量。

规划旅游观光服务的商业购物、旅游观光酒店、住宅及相应配套设施等，综合考虑绿地、广场、停车及设置城镇入口标志物等要求。须考虑旅游服务区的动线组织，形成良好、有序的游览观赏路径。

5.7.3 课堂示范

如图 5-14。

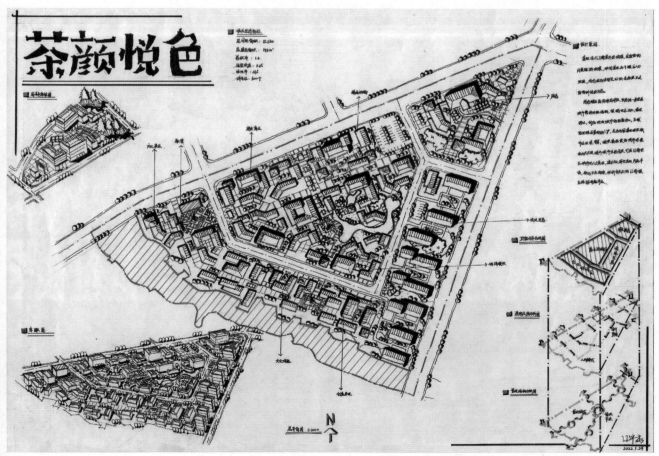

图 5-14

6

优秀快题作品参考

● 方案评析

方案整体完成度很高，运用软硬结合的方式布局的空间布局关系；道路交通体系组织合理，较好地解决了人车分行的交通需求。采用坡屋顶星顶位定略微不符，不太适合城市建设风貌；主体轴线刻画可再强化，以区别主次关系。

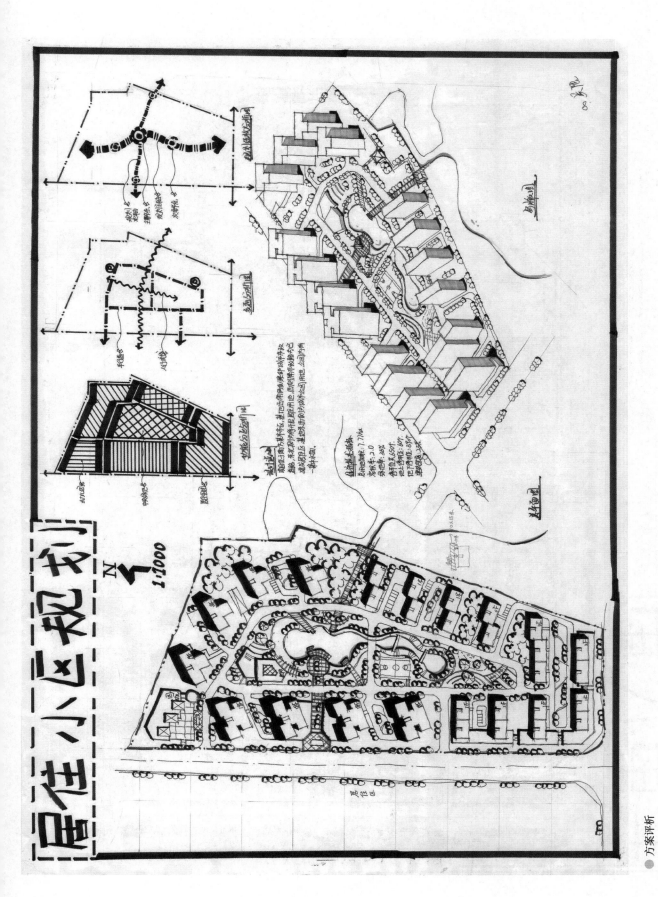

居住小区规划

N
1:1000

● 方案评析

整体图面要素齐全，鸟瞰图表达到位但略显单薄；功能分区合理，空间结构划分明确；

核心景观凸显且有丰富的层次，同时满足了人群观景休憩的需求。

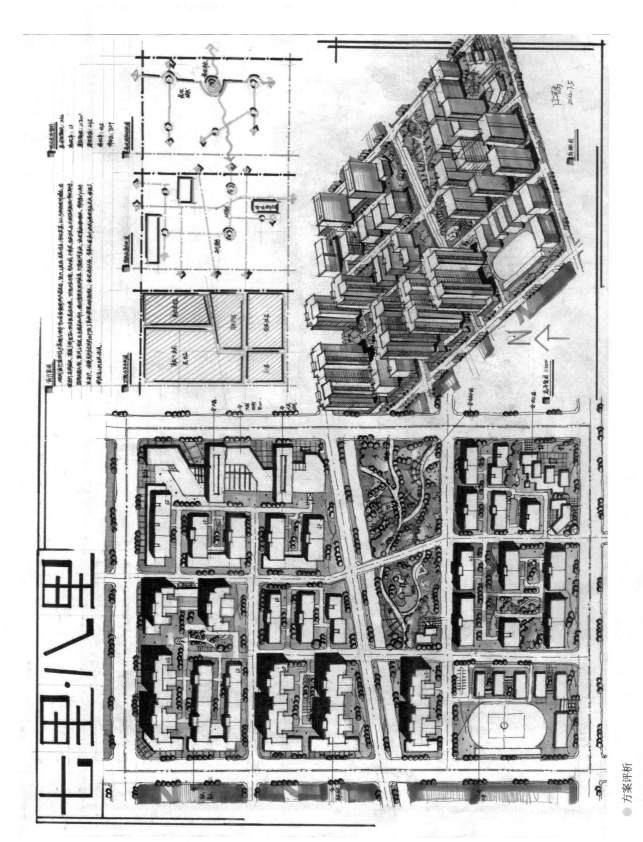

千里八里

整体结构较为清晰，建筑序列与轴线关系的贴合度较高；动静分区明确，较好地解决了居住与商业空间的有机组合；以不同的建筑形式、体量及空间组合方式，增加了方案的层次感；核心景观凸显了丰富的观景休憩需求，同时满足了人群的观景休憩需求；图面要素丰富，鸟瞰图表达到位。

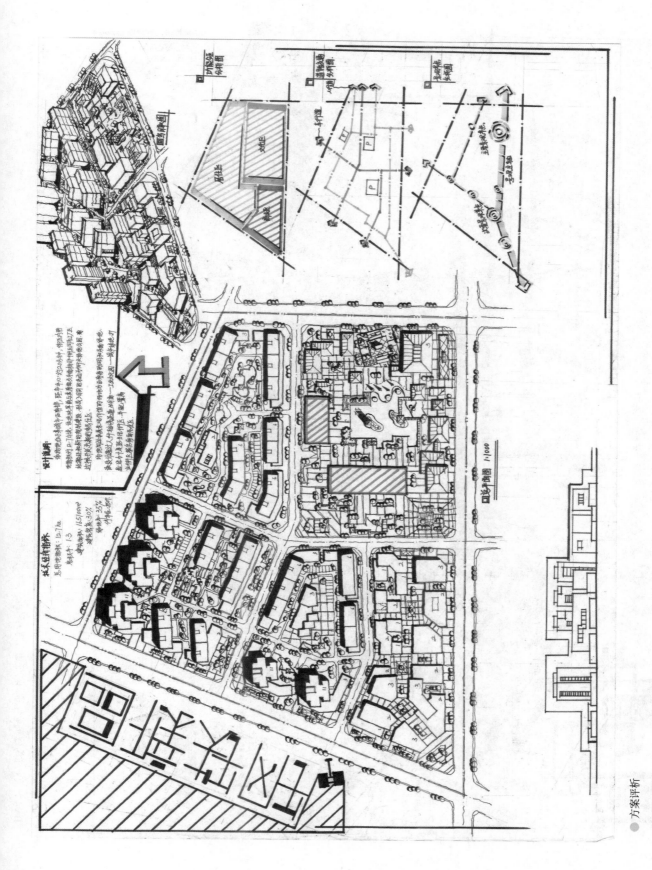

● 方案评析

整体图面效果不错，开放街区营造合理；对公共空间的应用恰到好处，张弛有度，细节处理到位；

核心开敞空间处理到位。商业建筑组合偏碎片化，建议重新组织。

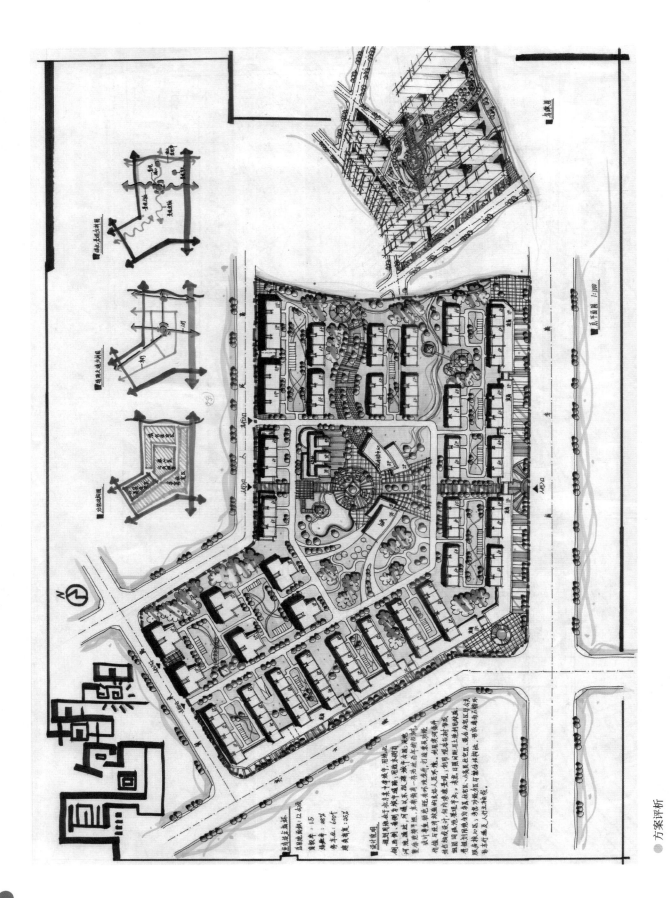

● 方案评析

整体方案布局合理，可以体现对题目独到的理解，但功能地块的划分存在一些小问题；建筑尺度掌握准确，可识别度较高；核心开敞空间处理手法单调，可深化；商业裙房建筑要注意消防通道与防火间距；对水系同结合相对薄弱，虚实空间处理略显单调。

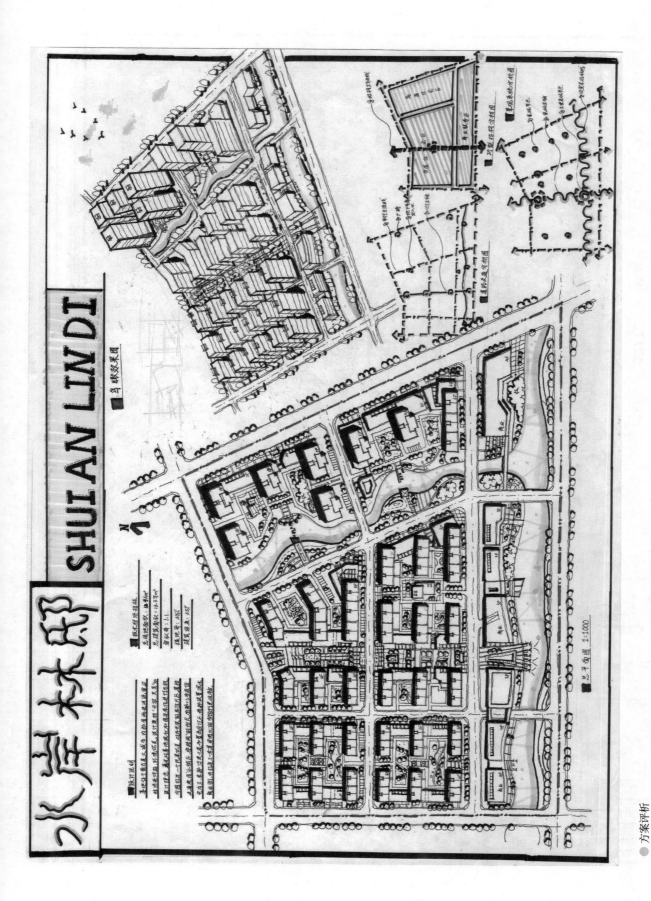

水岸林邸 SHUI AN LIN DI

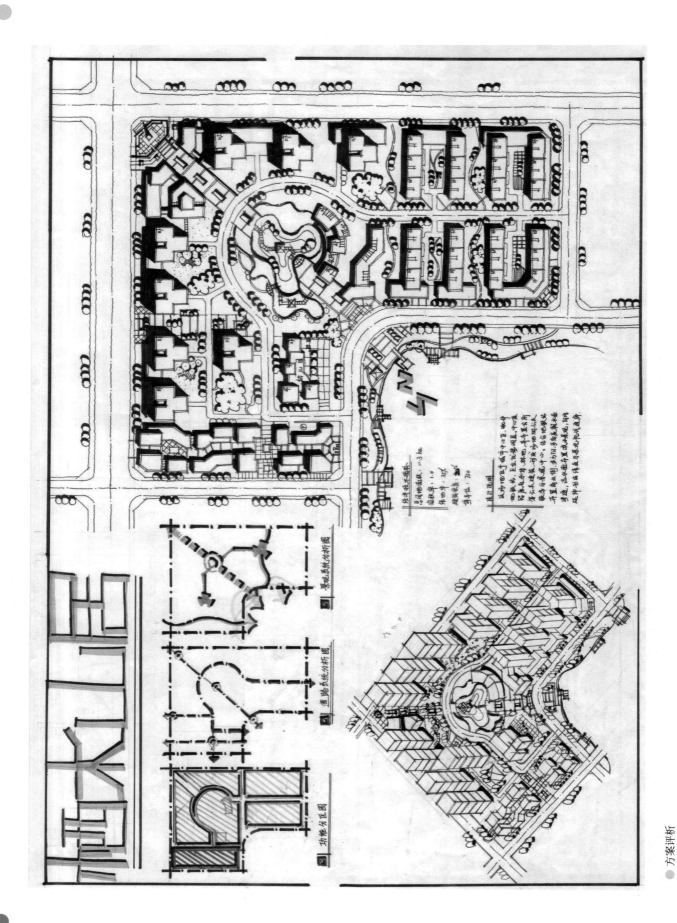

○ 方案评析

方案整体把控整轴线核心空间，形成了较强的丰富度与层次感；高档住宅布局在邻近景观大道一侧，在保证其私密性的同时兼顾了城市界面营造；景观层面刻画略微简单，可进行一定程度的深化；建筑空间组合整体性较强；建筑尺度把握比较准确。

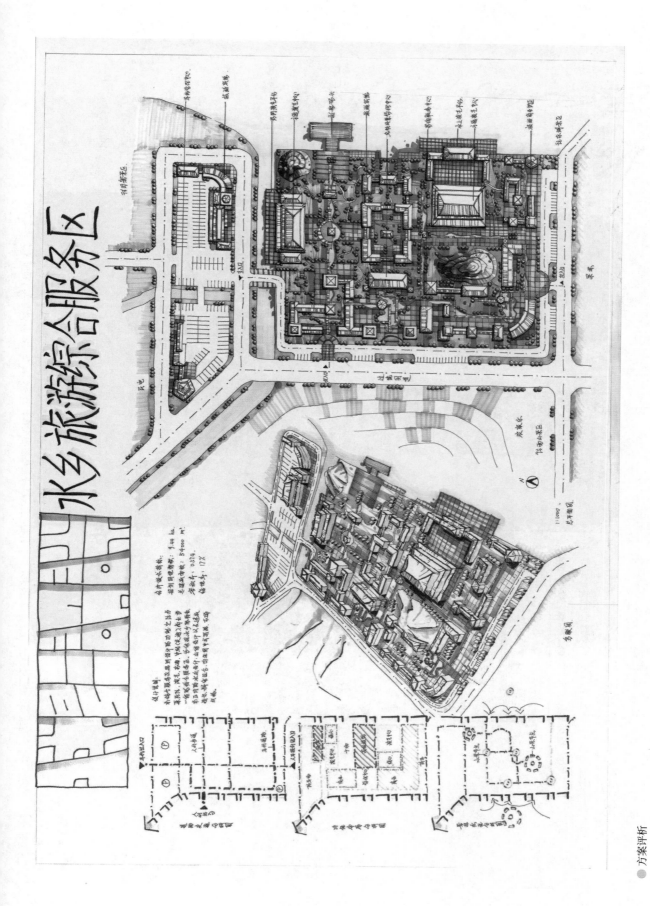

水乡旅游综合服务区

● 方案评析

分区布局合理，区分了建筑形式，形成了较好的空间序列感；建筑空间组合丰富多变，尺度掌握准确；图面表现效果突出，鸟瞰图引人注目。

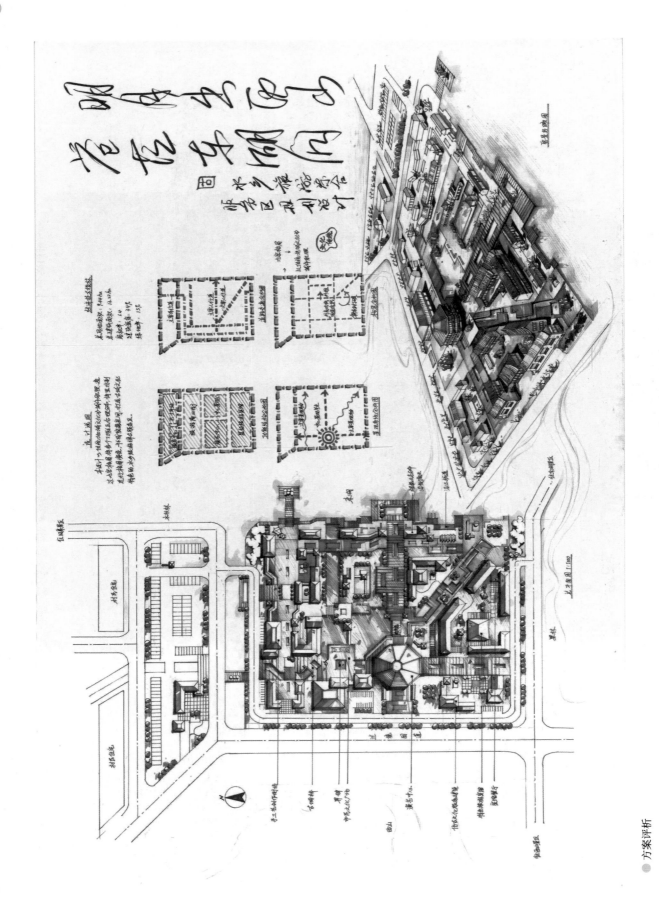

● 方案评析

整体图面效果突出，表现手法多变，功能分区合理，结构比较清晰；道路交通组织比较到位，步行空间设置合理，空间营造丰富；核心建筑的形式与功能区分较为清晰，实现了"疏密有致"；核心景观凸显了丰富的层次，同时满足了人群观景休憩的需求；方案整体性高，肌理感强，同时又不缺乏变化。

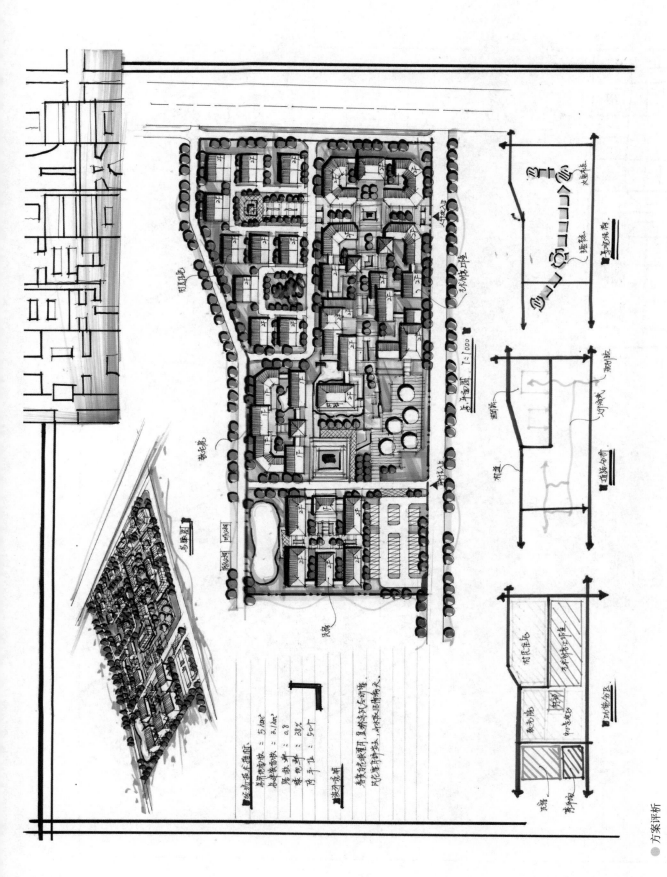

●方案评析

方案轴线关系突出，空间序列感强，整体方案较好；道路交通组织比较到位，人行流线组织明确；核心景观处理须同时满足人群观赏休憩的需求。

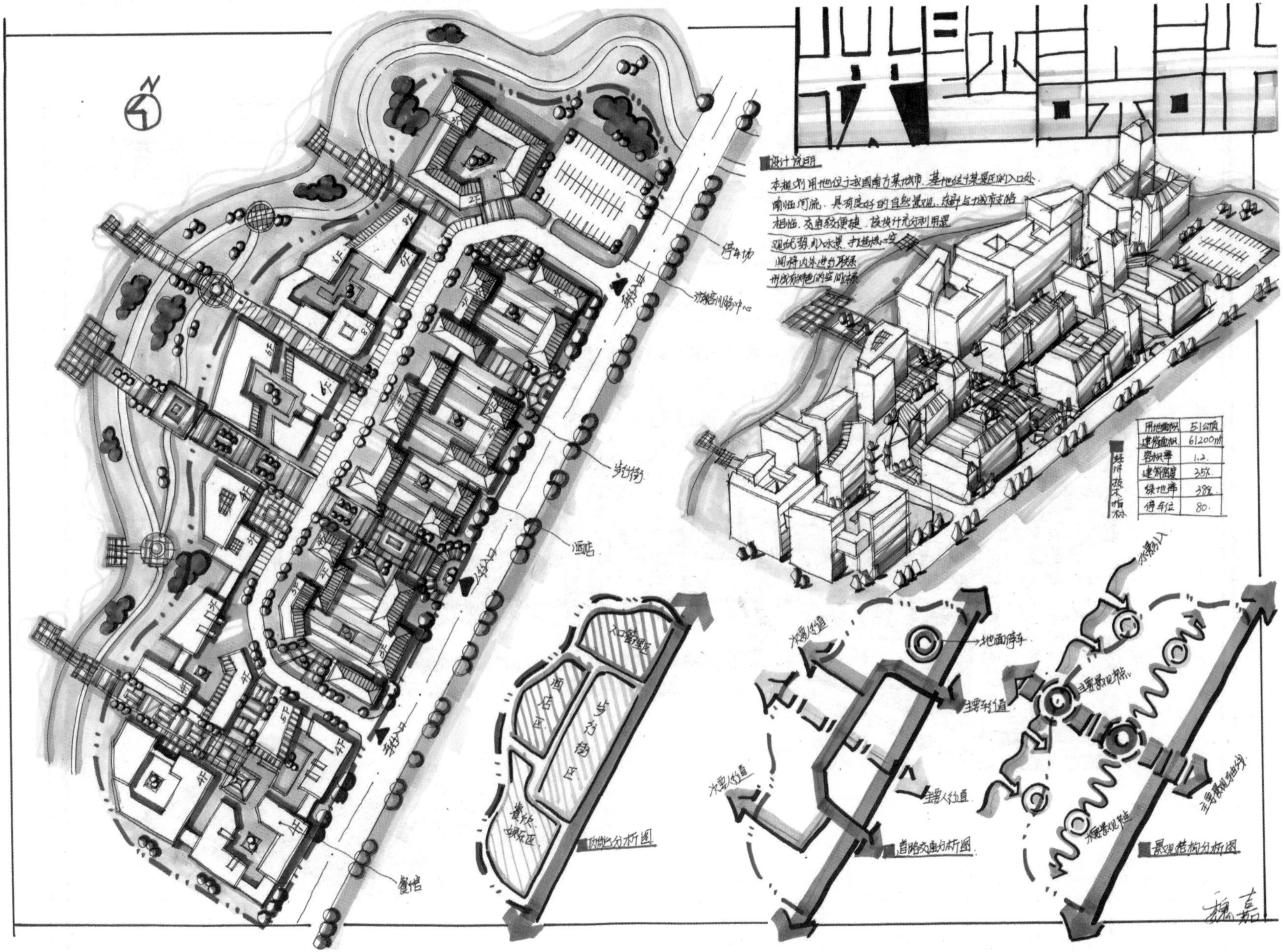

设计说明

本规划用地位于某城镇河岸附近地块,基地通过规划架构的新入口进行联系...

用地面积	占地面积	6120m²	
容积率		1.2	
建筑密度		25%	
绿地率		28%	
停车位		80	

● 方案评析

空间布局凸显建筑走势,顺应轴线方向,妥善处理了广场空间;功能分区比较合理,对整体场地建构筑物处理恰当;停车场的画法可更规范;轴线的首...

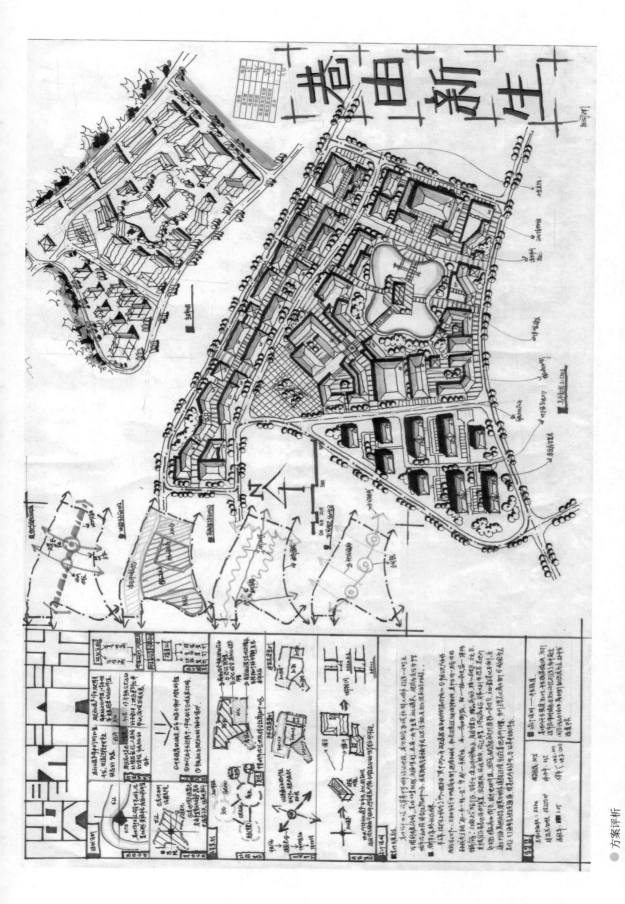

● 方案评析

整体空间布局比较合理，轴线结构突出；各个分区联系紧密，建立了文化到商业的视线廊道，空间结构清晰，运用不同建筑组合方式体现不同功能，处理得当；核心景观处理手法单调，使得图面失去了其独有的特色。

特色小镇旅游中心策划与概念设计

方案评析

分区明确，但过于机械化；建筑体量略微偏小，整体建设容量可能不足；周边水面得到了充分利用，同时规划轴线平衡空间布局，并联系了老城，推演

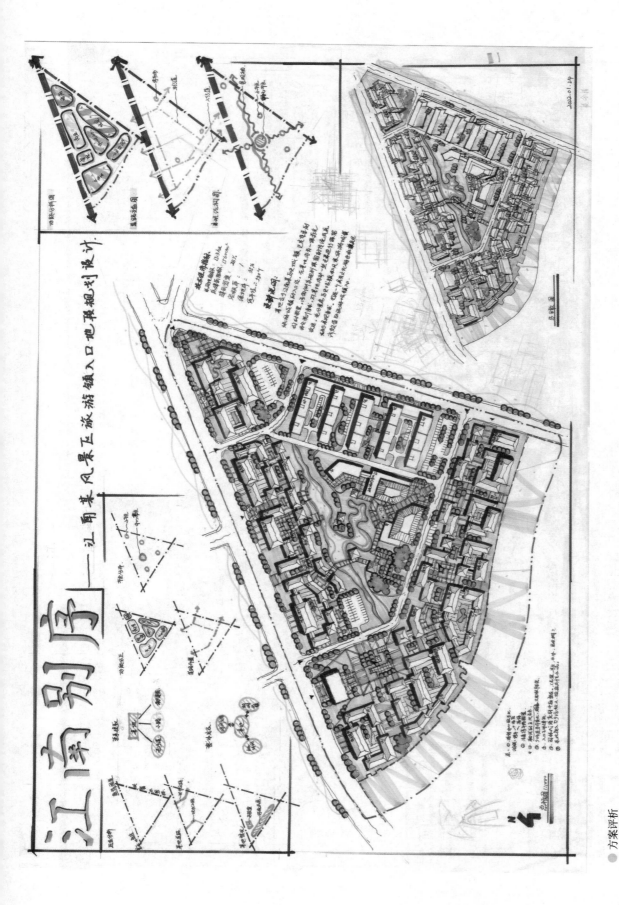

江南别序 ——江南某风景区旅游小镇入口地块规划设计.

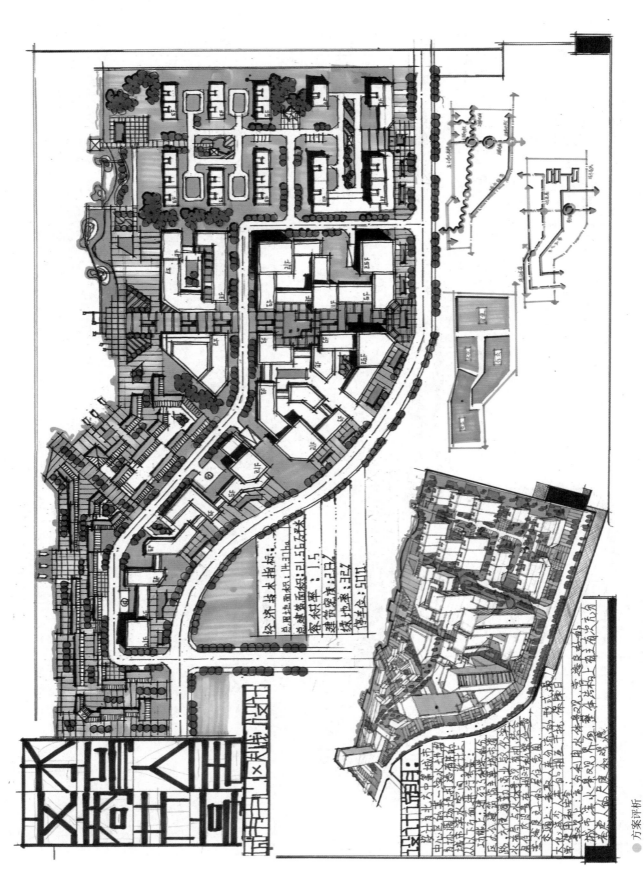

经济技术指标：
总用地面积：此.引h
总建筑面积：已1.5%万㎡
容积率：1.5
建筑密度：己日%
绿地率：引%
停车位：500

方案评析：

● 方案评析
图纸表达完善，结构清晰、合理，表现手法明确；采用内环式路网，满足道路网密度要求，也塑造了富有层次的空间；功能分区布局合理；核心开敞空间处理

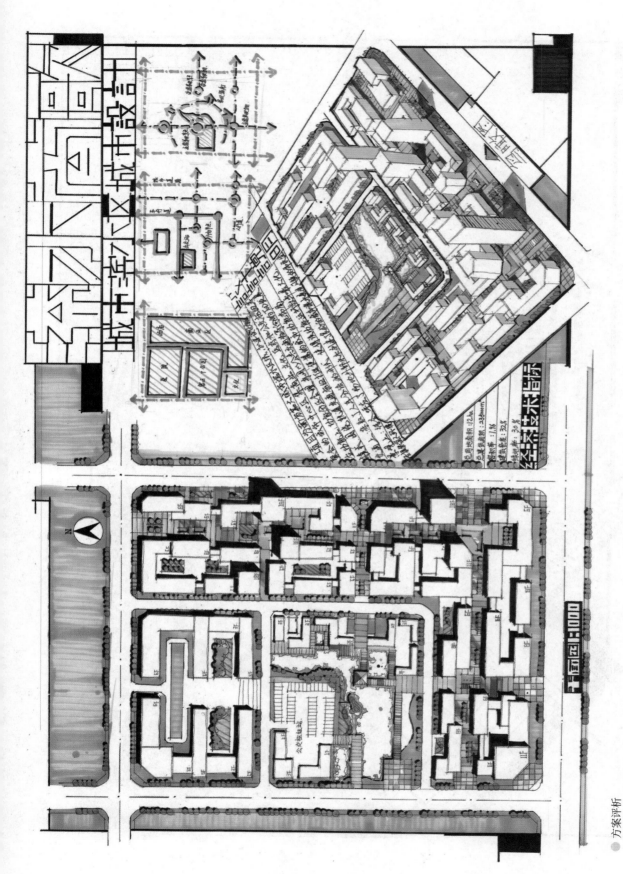

城市新区城市设计

综合技术指标

总用地面积：12ha
总建筑面积：238000m²
容积率：1.76
建筑密度：32%
绿地率：30%

平面图 1:1000

● 方案评析

核心空间组织强化了连续性，较好地突出了生态效应；功能分区比较明确，流线组织合理；建筑空间组团组合与轴线串联是本方案的亮点；建筑尺度把握准确，符合整体定位要求。

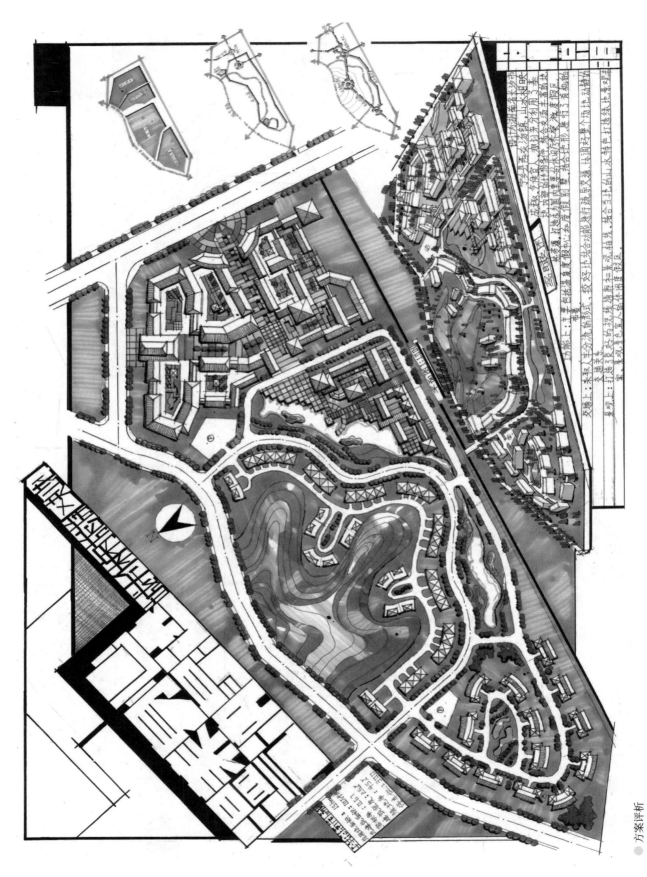

● 方案评析

方案整体表达良好，图面干净、整洁，鸟瞰图表达出彩；公共建筑与水面的结合会塑造了丰富的核心空间；功能

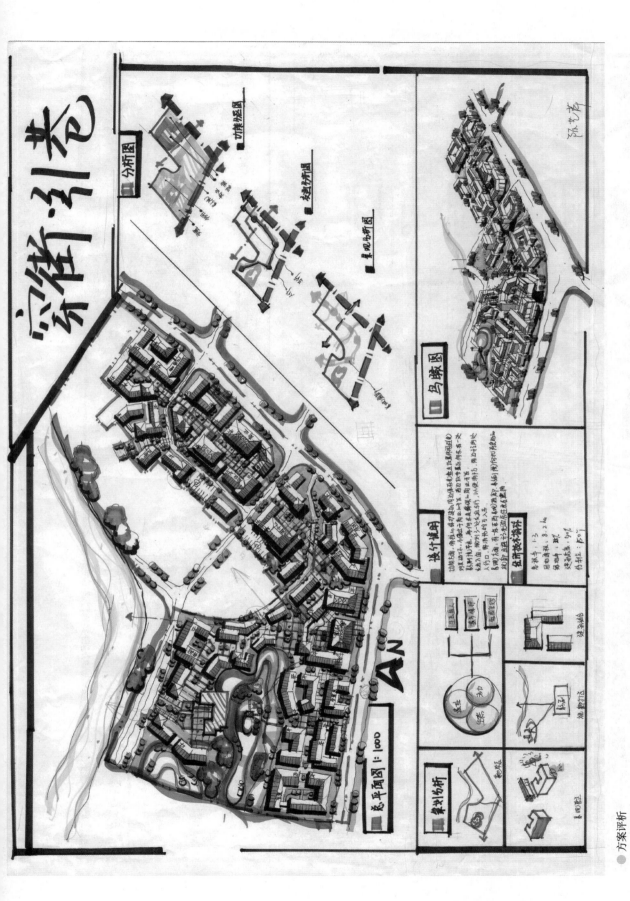

六街·引巷

■ 分析图

功能分区

建筑分析

景观分析图

■ 鸟瞰图

泳艺街

■ 设计推敲

■ 经济技术指标

容积率：1.5
用地面积：8.2 ha
建筑密度：28%
建筑层数：4F
绿化率：40%

■ 案例分析

■ 总平面图 1:1000

N

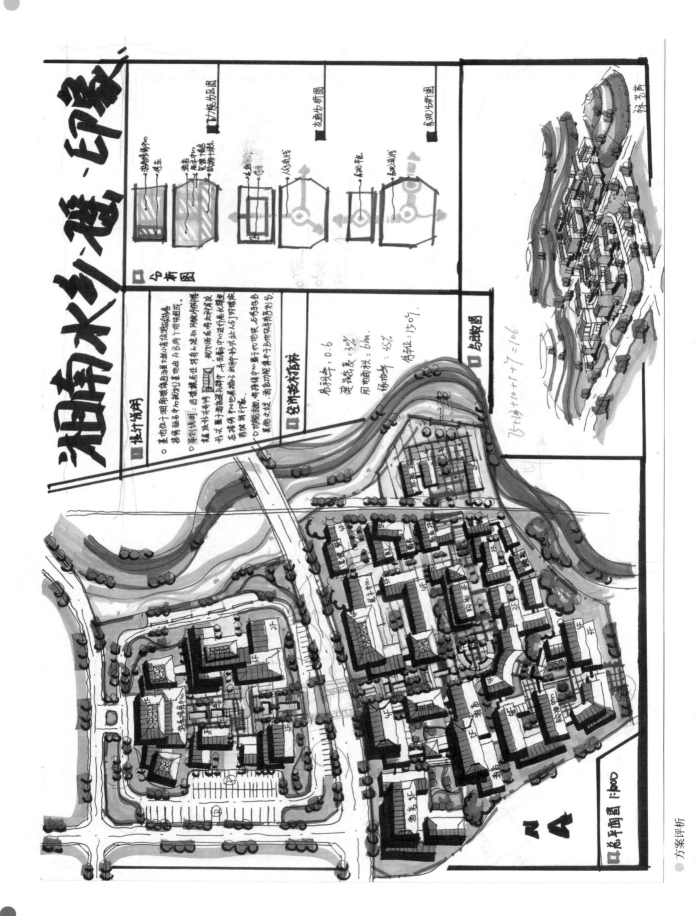

湘南水岸 · 印象

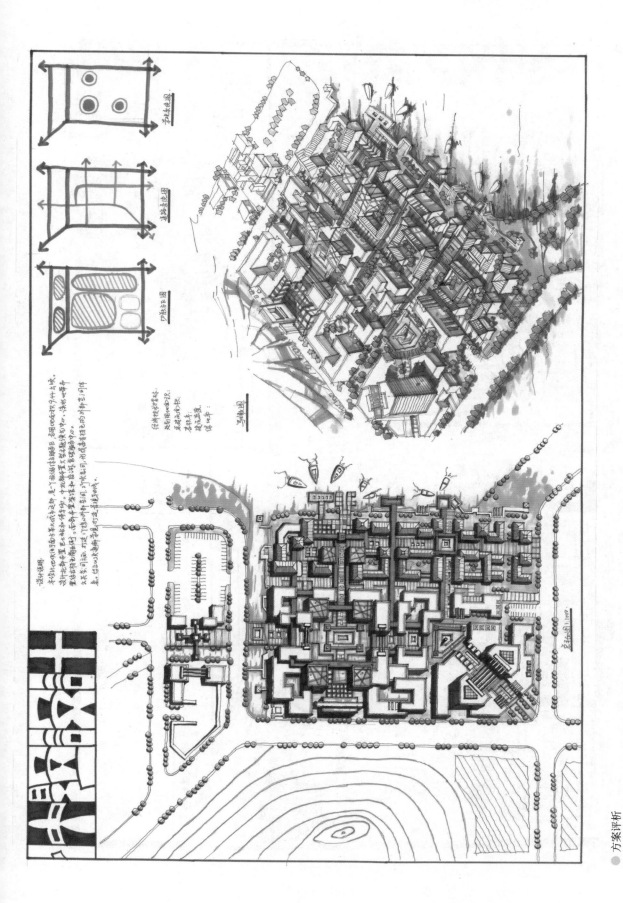

方案评析

建筑形式具有突破性，体现了对周边地块的服务供给；滨河一侧与内部景观轴带之间呼应思路明确；停车场的画法颇规范；景观细节主次明显，空间层次塑造感强。

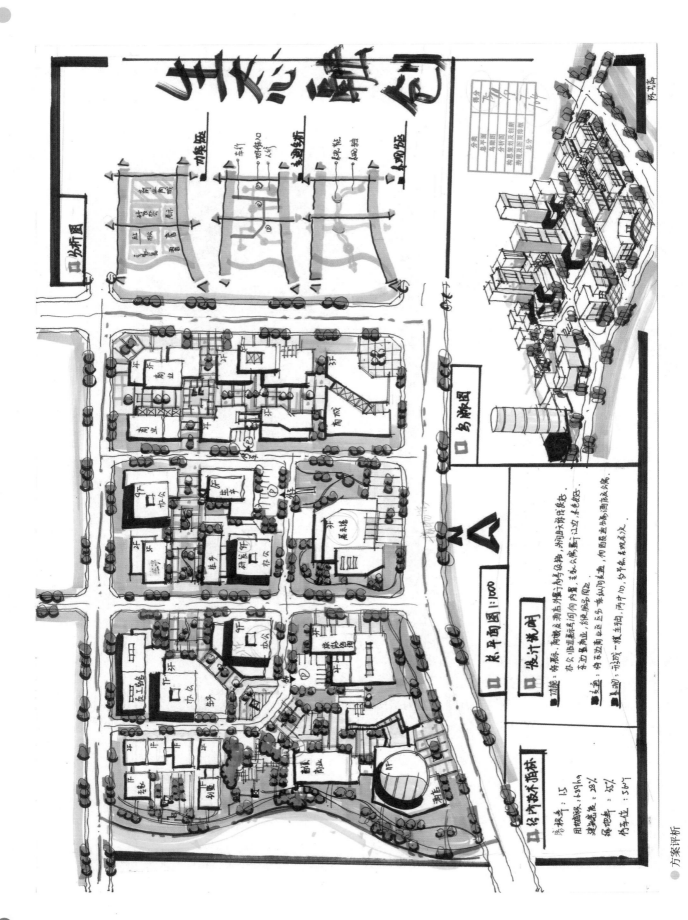

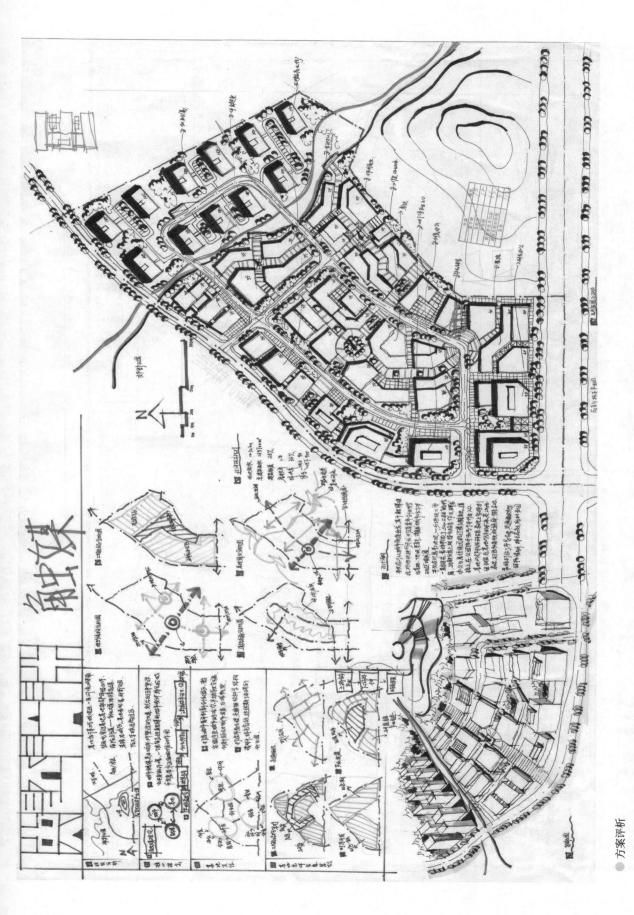

● 方案评析

方案土地关系较为清晰，表达丰富，图面层次感较强；空间结构清晰，功能分区布局合理；核心开敞空间处理到位；商业建筑组合体量略小，街道空间尺度塑造偏大。

通京杭·引文(e)

——江南集市社区中心及滨水创新区规划设计

方案评析

整个排版大气、简洁，采用粗细不一的线框统一版面；动静分区明确，较好地体现了办公与商业空间的有机组合；核心景观凸显了丰富的层次，同时满足了人群观景休憩的需求；图面要素丰富，鸟瞰图表达到位；黑白对比明确，空出了建筑与空间的对比度。

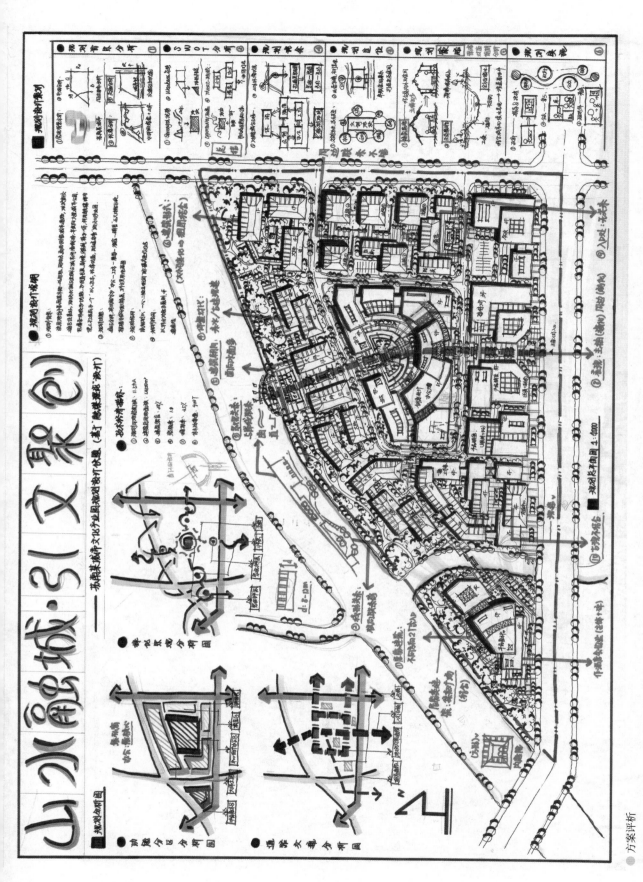

山水融城·引文聚○)

●方案评析

空间结构主次明晰，但历史街区的序列感序列感不佳；功能分区比较明确，流线组织合理；建筑尺度把握准确，符合整体定位要求；创意办公形式有待商榷，可进一步分各功能建筑类型。

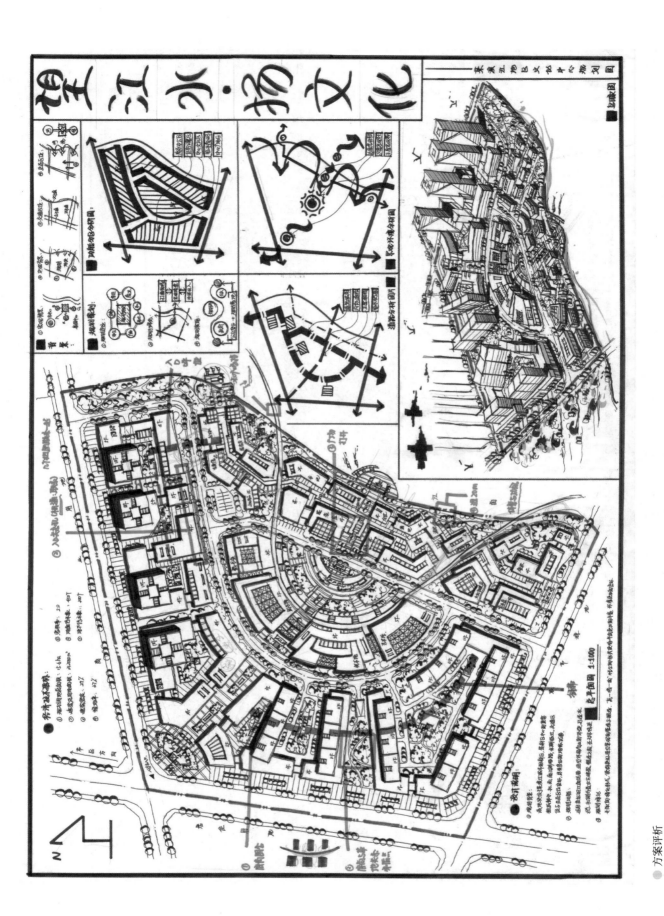

望江水·扬文化

● 方案评析

方案总体分区明确且相对合理，空间结构较为清晰；各个分区联系紧密，建立了从文化到商业的视线廊道；主要的垂河通廊良好地体现了滨水与内陆的空间关系。生态和人工古古古刻画得当

120

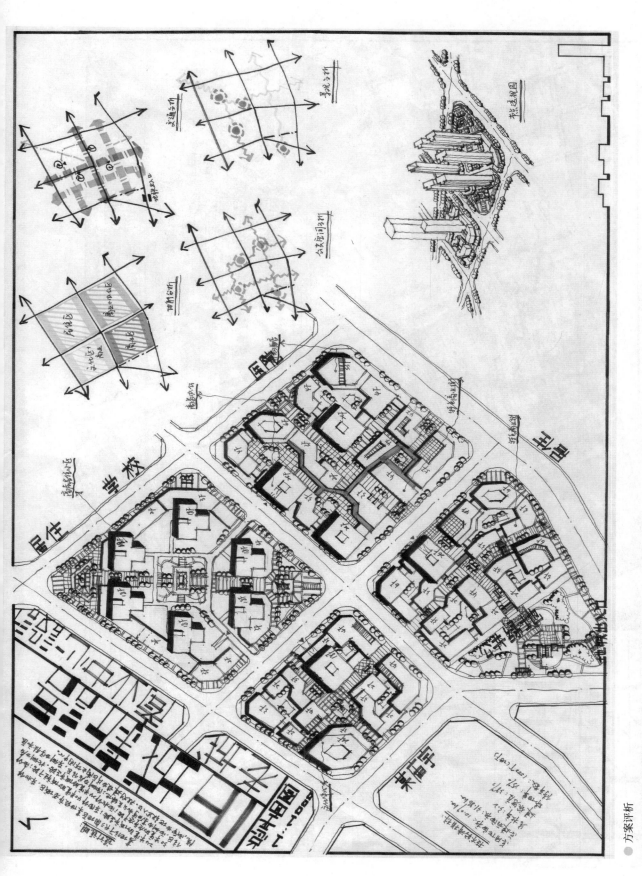

● 方案评析

方案步行体系完整，形成放射状结构，分区明确，表达清晰；动静分区明确，较好地解决了居住与商业空间的有机组合；核心景观凸显了丰富的层次，同时满足了人群观景休憩的需求。图面要素略微欠缺，鸟瞰图表达失位。

某中学校园规划设计

经济技术指标：

设计说明：

方案评析

方案主要廊道与核心开敞空间明确，空间秩序感较强，塑造手法相对单一；道路交通体系组织合理，较好地解决了人车分行的交通需求；采用坡屋顶与

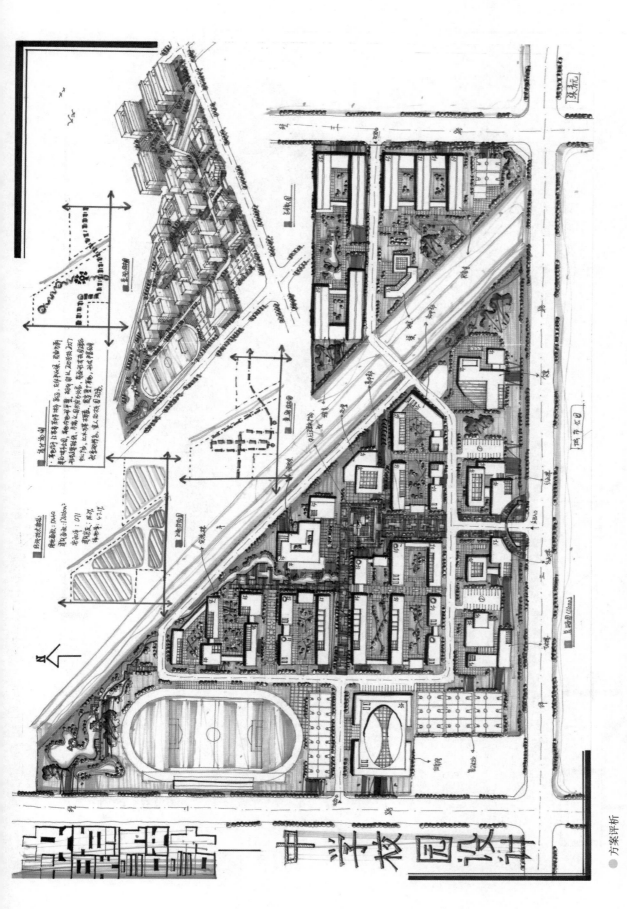

● 方案评析

整体分区分明晰，对建筑形式与尺度的把握准确；功能分区比较明确，流线组织合理；弱化了景观空间的塑造，开放空间不足，以至于结构不突出；侧向廊道关系仍须加强，使得各个节点和片区有效串联。

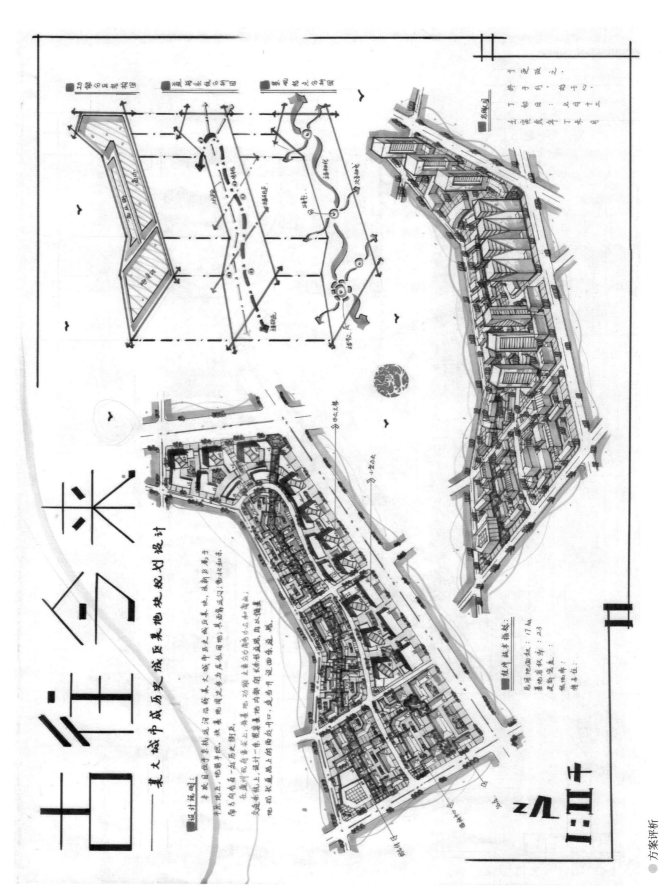

古往今来

—— 某大城市历史成区某地块规划设计

设计说明：

本规划位于某城市大城市历史老区之中，该区历史悠久，地势平坦。该基地周边多为居民用地，其西临运河，东北和东南向为运河老街一些历史街区。

在规划中观有重要主上，为某公办的办公之地和商业；在空间上，设计一条贯穿基地内部的长步行道，为以沿重地视觉及热点的商业中心，是为引领商业活。规。

经济技术指标：
- 总用地面积：17 ha
- 建筑层数：2-3
- 建物密度：
- 绿地率：
- 停车位：

方案评析

整体空间结和和周边环境融合较好；功能分区比较合理，对整体场地建构物处理得当；横向高层建筑缺乏景观空间联系，生态效应应稍显不足，停车场显见不足。

比例 1:1千

N

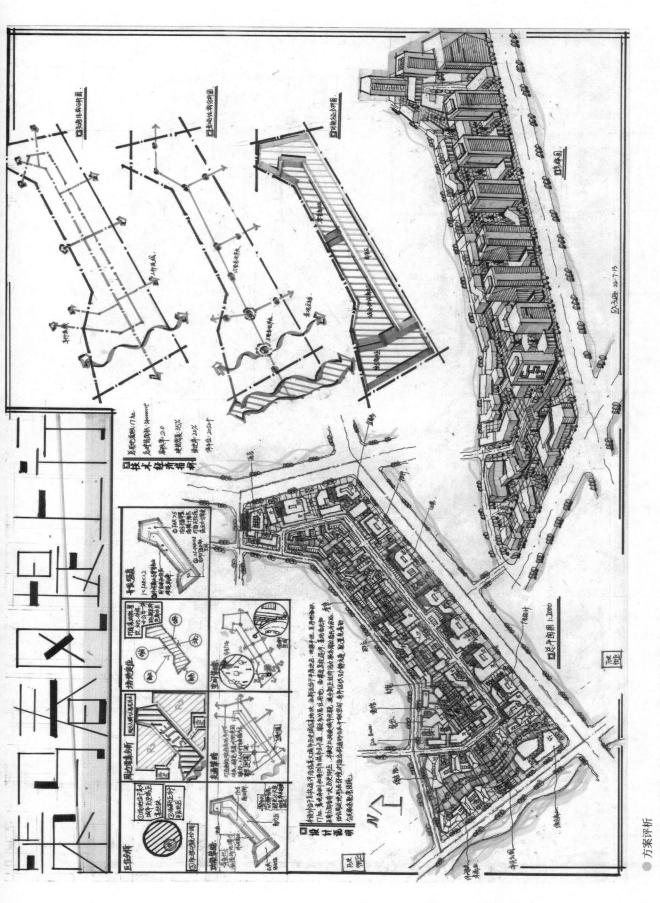

● 方案评析

方案空间结构较为合理，建筑形式丰富，建筑排布韵律感强；道路交通体系组织合理，较好地解决了人车分行的交通需求；公共空间营造手法娴熟，整体图面疏密有致，主次区分明确，主体轴线刻画明确，区分了主次关系。

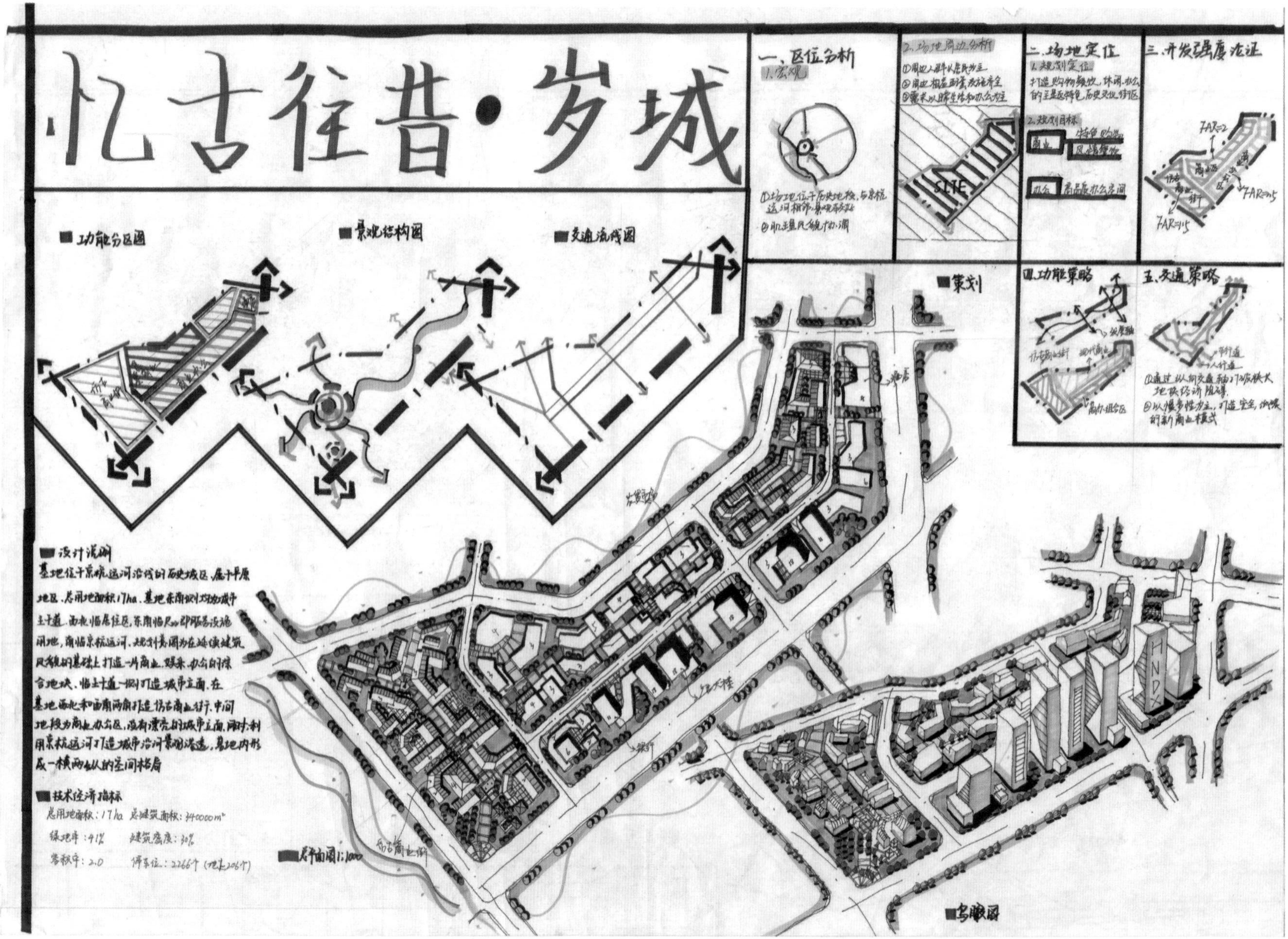

旧 城 · 新 城

一、区位分析

二、场地定位

三、开发强度论证

策划

Ⅲ、功能策划

■功能分区图

■景观结构图

■技术经济指标表

● 方案评析

结构清晰，流线明畅，整体图面效果较好；分区较为合理，但是展演功能缺乏一定的静态交通组织；建筑尺度把握准确，可识别度高；景观空间层次不突出，

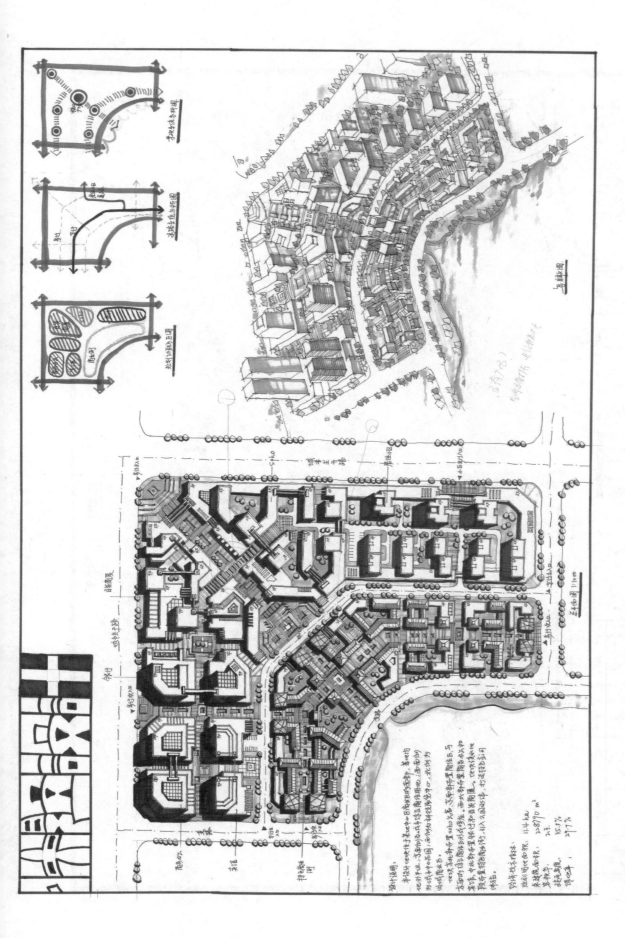

● 方案评析　方案整体感较强，结构清晰；高档住宅布局在临近景观大道一侧，在保证其私密性的同时兼顾了城市界面塑造；景观层面的刻画略微简单，可进行一定程度的深化；建筑空间组合整体性较强，建筑尺度把握比较准确。

倚水研新·产业兴城 企业总部设计

总平面图 1:2000

N

● 方案评析

整体空间布局比较合理；道路交通与整体结构结构合理，不同功能建筑在形式与尺度上区分明确；各个分区联系紧密，建立了从文化到商业

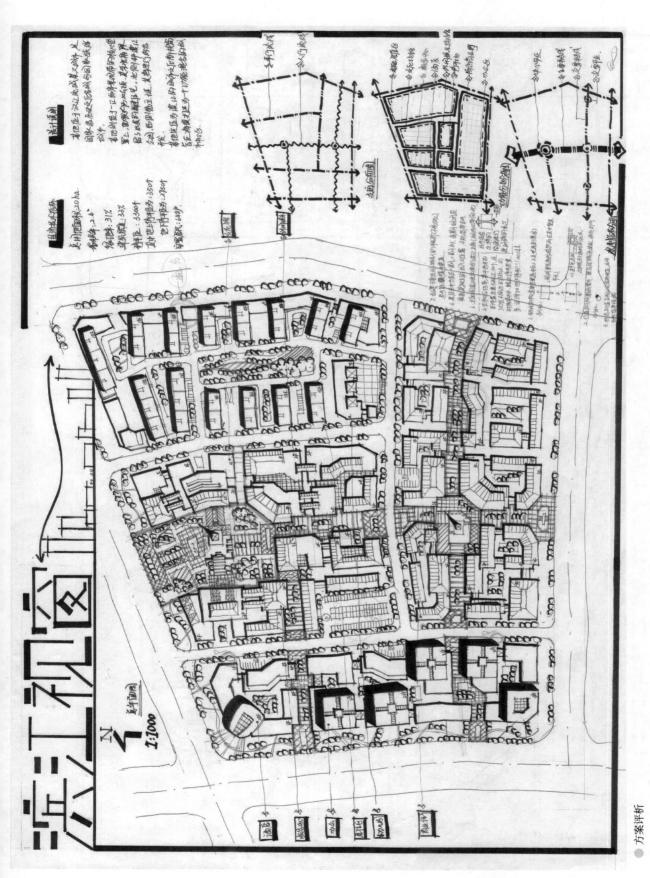

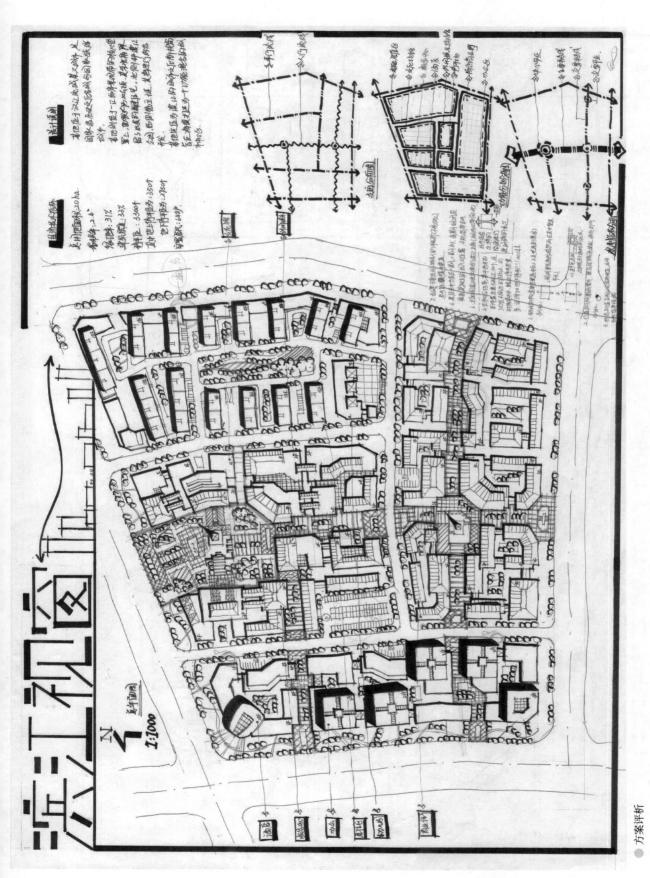

● 方案评析

分区明确，但过于机械化；建筑体量略微偏小，整体建设容量可能偏小；推演策划分析思路清晰，图幅要素齐全；建筑形式须再积累。

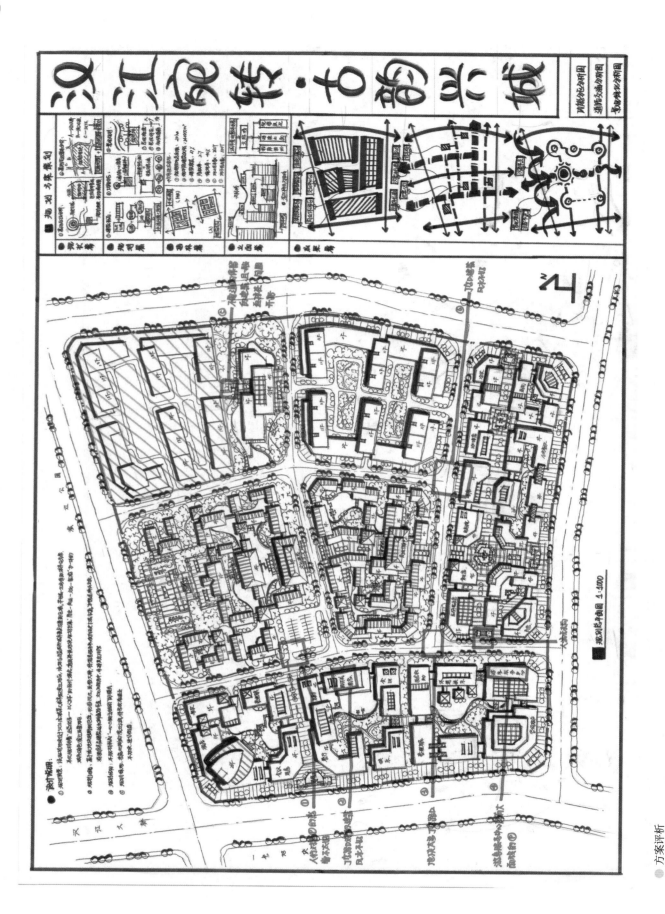

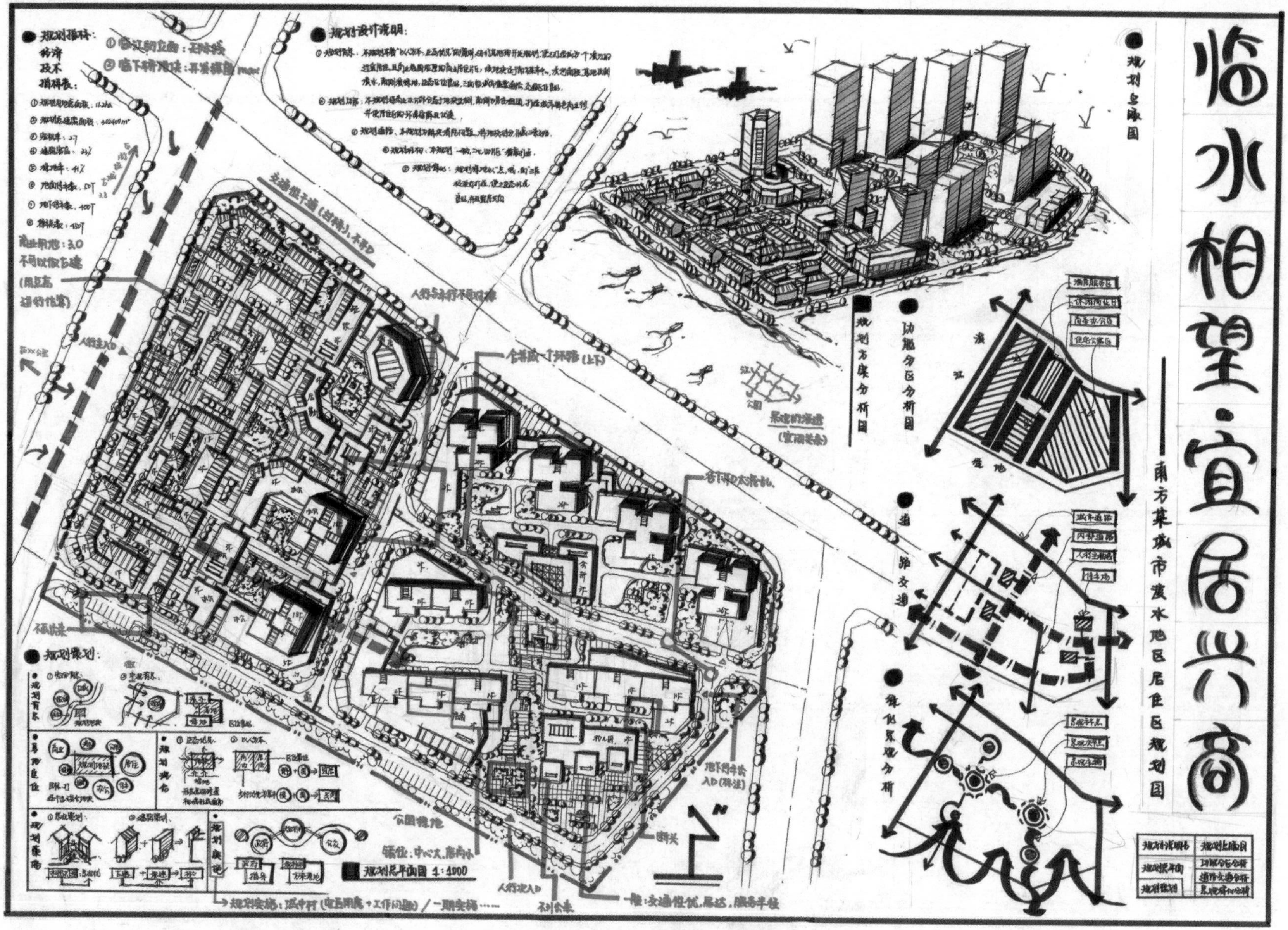
临水相望·宜居兴商
南方某城市滨水地区居住区规划图
规划鸟瞰图
功能分区分析图
规划方案分析图
景观分析
规划设计说明：
规划指标：
规划策划：
规划总平面图 1：1000
公园绿地

方案评析

整体内容比较充实，加入规划策略，图幅完整；功能分区比较明确，流线组织合理；建筑尺度把握准确，符合整体定位要求。

古·今·本·对话传统住区城市设计

● 方案评析

整体图面效果不错，分区较为合理；空间结构清晰，功能分区布局合理；核心开敞空间处理到位；商业建筑组合体量略小，街道空间同尺度塑造偏大。

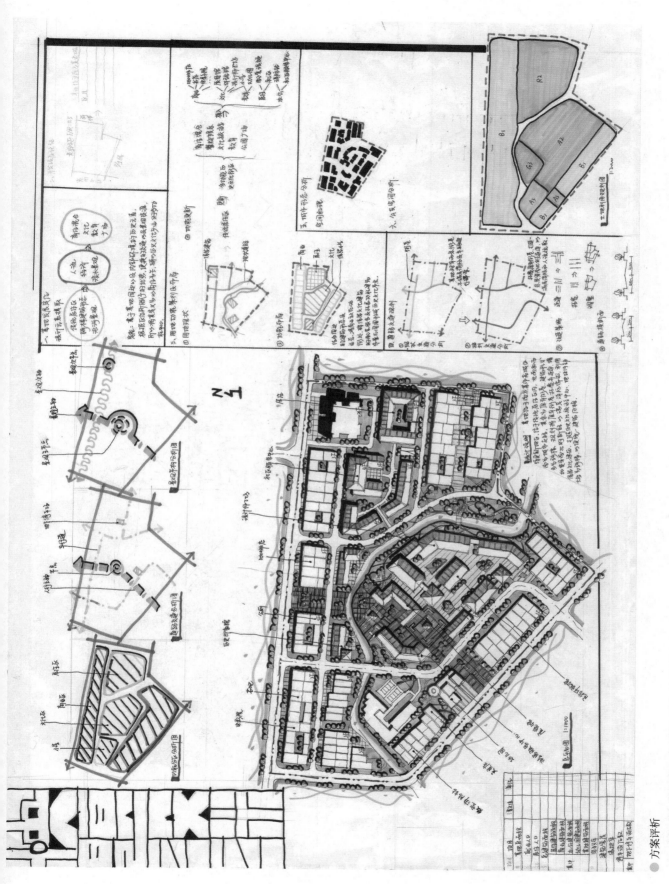

● 方案评析

空间组织流畅，传统商业街区富有趣味性，滨河步道塑造充分；功能分区比较明确，流线组织合理；核心空间的塑造在保障了整个地块拥有开敞空间的同时，也将良好的景观组织其中。

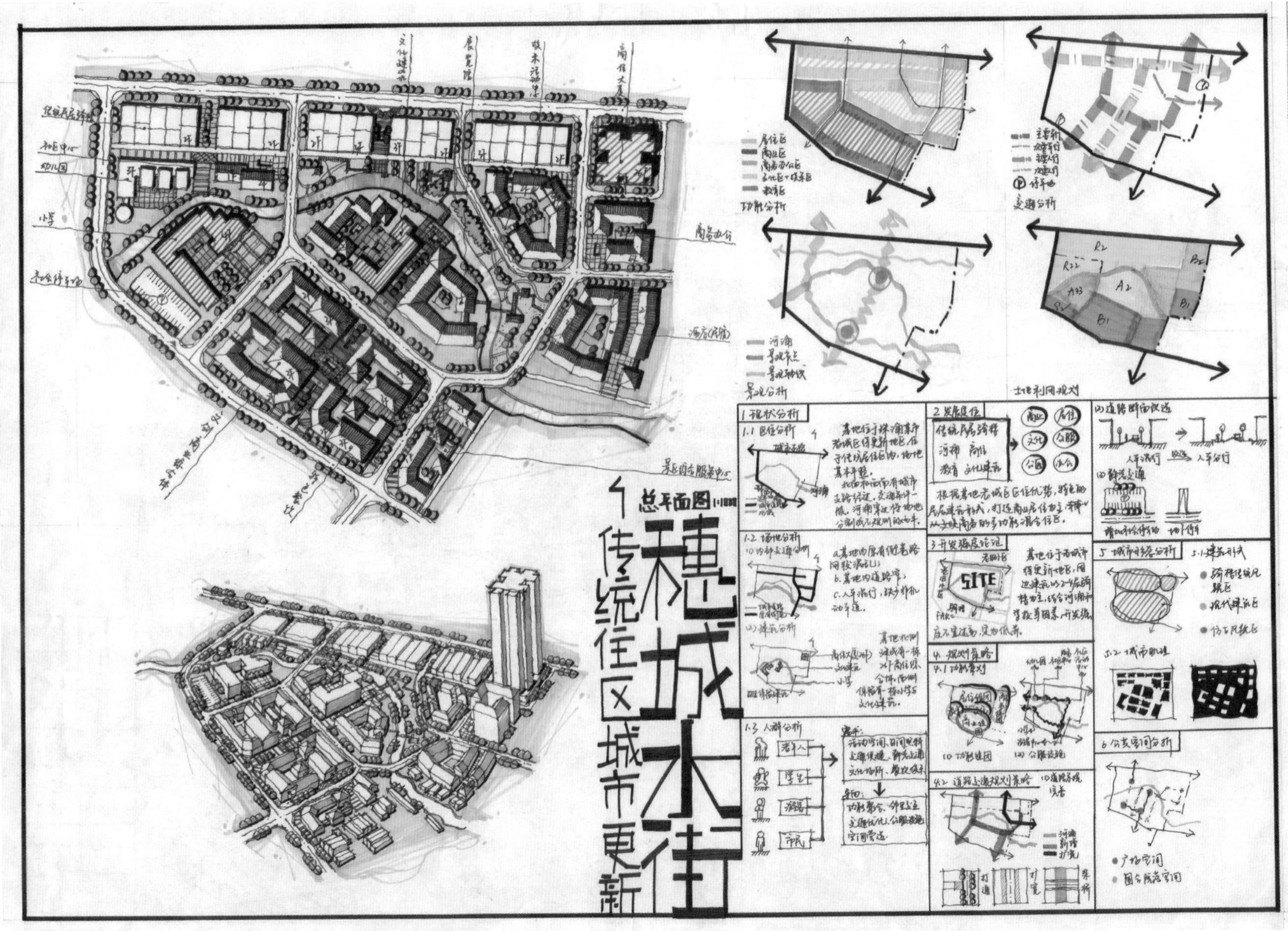

传统住区城市更新

总平面图 1:1000

● 方案评析

方案空间突出，空间有开有合，空间肌理丰富，功能分区比较明确，流线组织比较明晰，结构稳定，步行环境组织较为友好，街道尺度适宜；轴线景观塑造了较好的景观序列界面，但整体建筑序列组织应加强。

城市之滨

● 方案评析

建筑空间布局组团团感明显，兼顾了景观与建筑功能两个方面；空间结构清晰，功能分区布局合理；核心开敞空间处理到位，妥善处理了滨水界面的承接。

商业建筑组合体量略大，街道空间尺度塑造偏大。

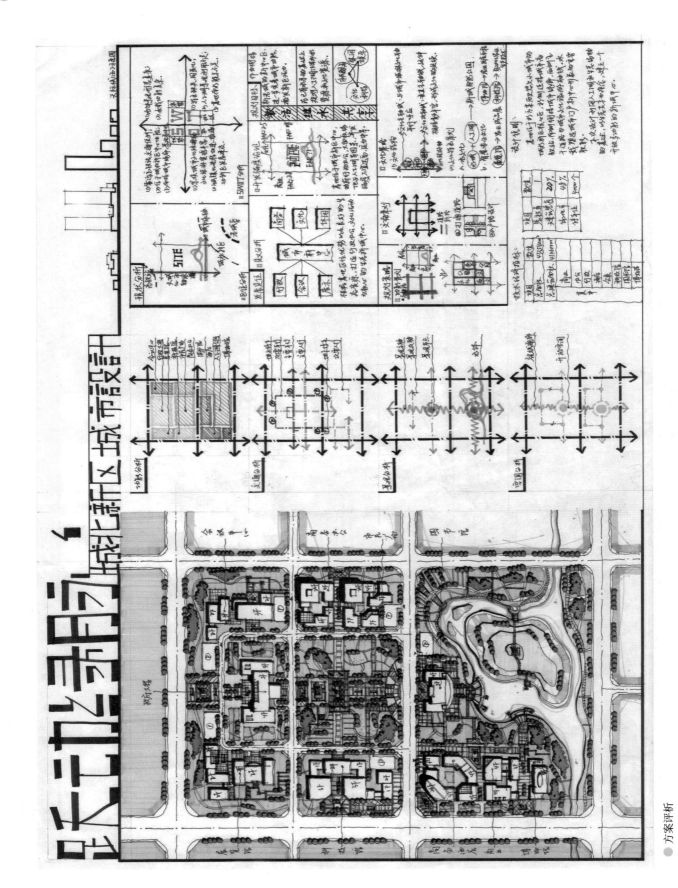

● 方案评析

方案中轴线线塑造较为突出，软硬结合，景观层次丰富；空间结构清晰，功能分区布局合理；景观与空间的咬合较为紧密；建筑与空间表达略显单一，有待进一步强化。

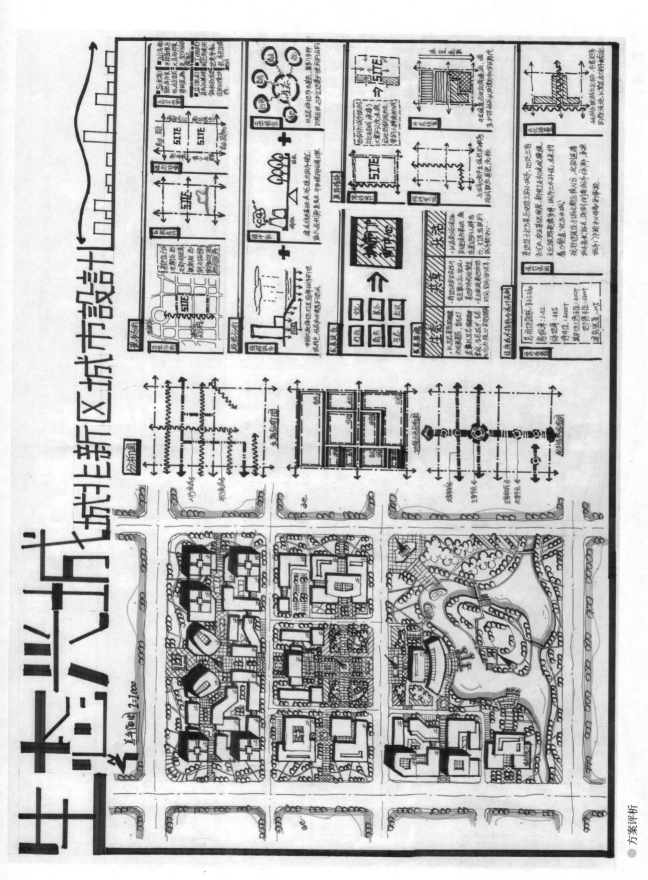

真题：某城市新区城市设计

上海地段 1:1000

● 方案评析

整个方案完成度较高，表达清晰，功能布局分区合理；主要轴线有较强的秩序感，与景观要素结合得较好；动静分区明确，规划策略分析到位，满足了题目要求。商业空间的有机组合；核心景观凸显了丰富的层次，同时满足了人群的观景休憩需求，较好地实现了办公与

137

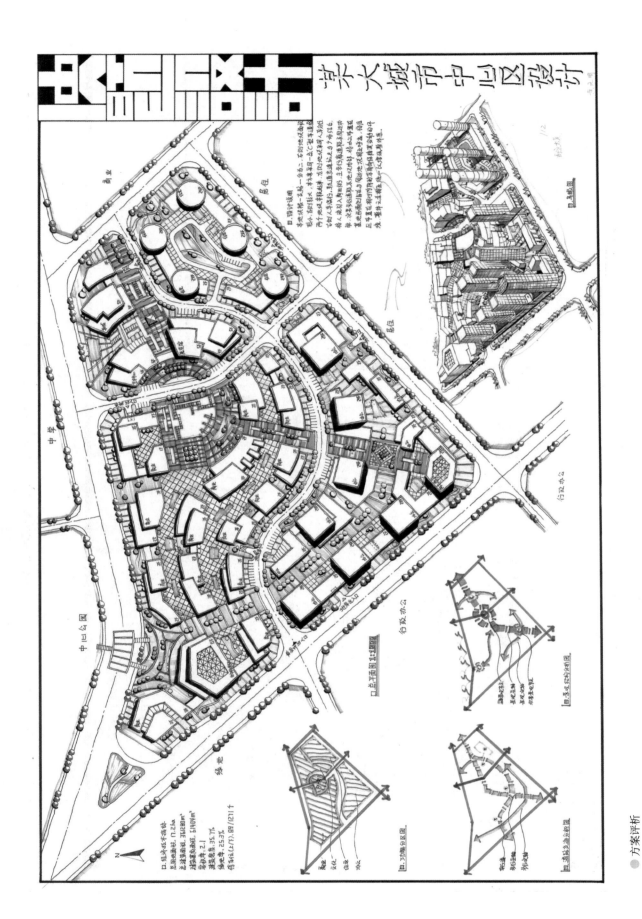

某大城市中心区设计

方案评析

整体空间结构表达清晰、完善，完整，步行体系连贯，动静分区明确，较好地体现了办公与商业空间的有机组合；建筑空间的形式感较强，整体性较高。

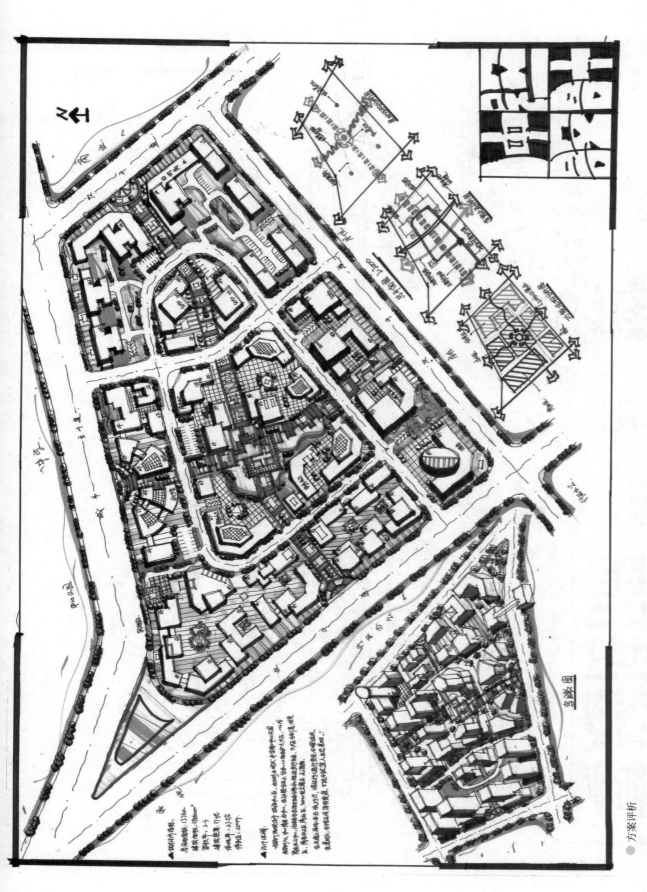

● 方案评析

整图疏密有致，符合题目要求，整体结构完整，步行体系成网；功能分区比较明确，流线组织合理；通过不同轴线形式将多条轴线进行区分，使得图面主次清晰，表达丰富，建筑尺度把握准确，符合整体定位要求。

喜越集册

● 方案评析

整体方案符合题目定位要求，功能要素较为全面；道路交通体系组织合理，较好地满足了人车分行的交通需求；建筑略微碎片化，注意商业裙房的组织方式；主体轴线线刻画可再强化，以区分主次关系。

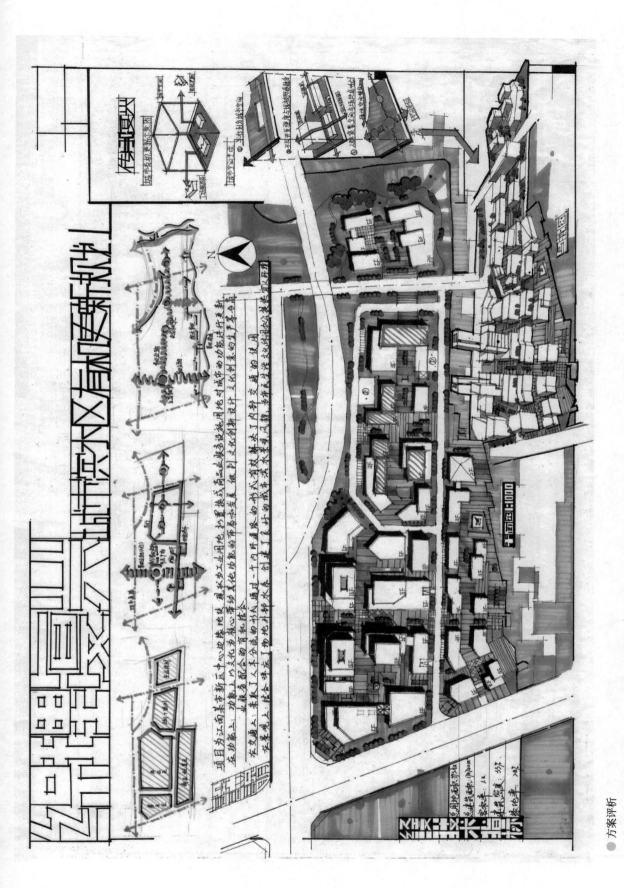

● 方案评析

整体图面完成度较高，细节丰富，整体功能划分与路网分布合理；各个分区联系紧密，建立了从文化到商业的视线廊道；核心景观处理手法丰富，使得图面独具特色；建筑空间布局灵活自由，有松有弛，重点突出。

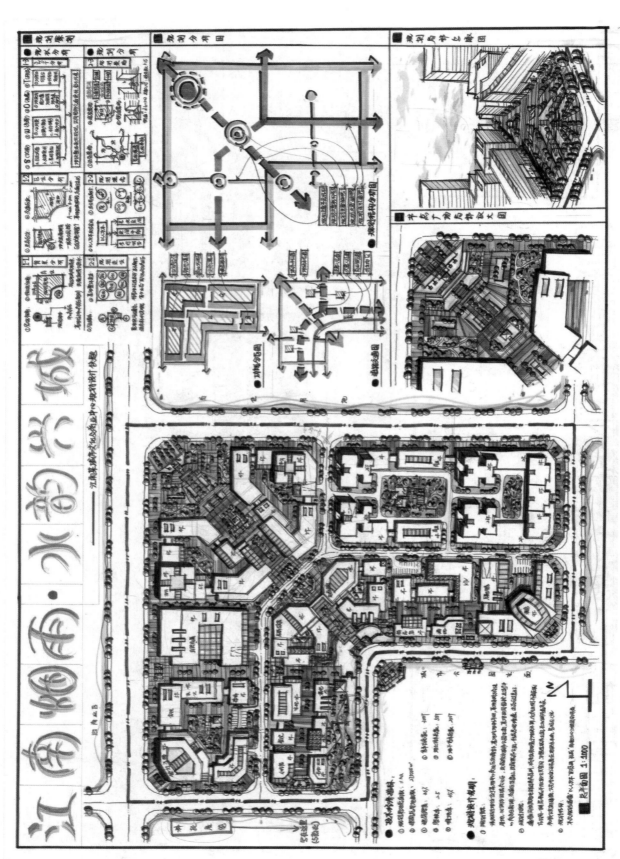

● 方案评析

方案总体空间变化灵动，斜向轴线线条突出，空间结构层次清晰；功能分区合理，可结合商业空间或滨水绿地重点打造；水体刻画略显生硬，建筑空间组合整体性较强，建筑尺度把握比较准确。

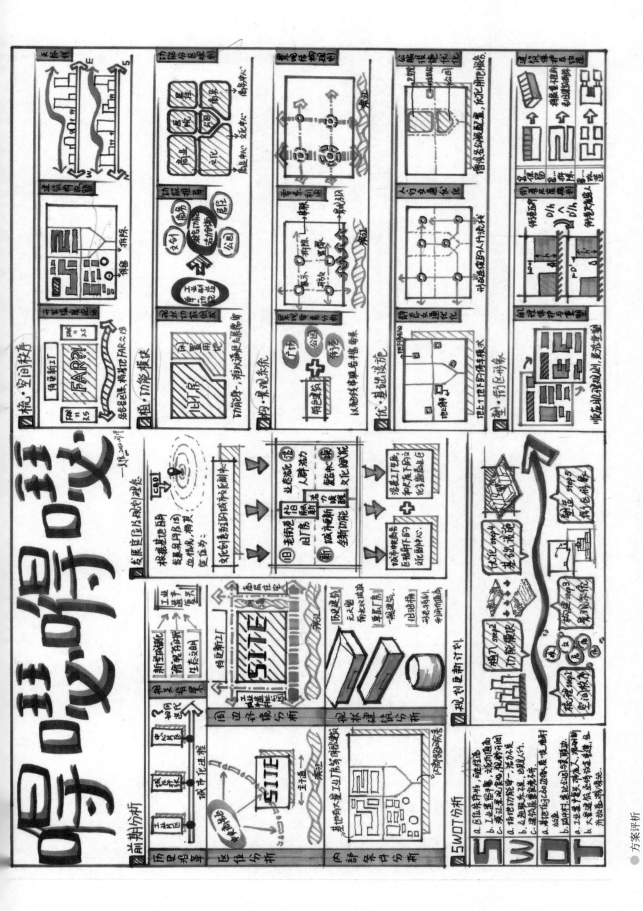

● 方案评析

整体策划分析思路清晰，主题结合明晰；SWOT 分析能较好地辨析地块发展趋势；更新计划塑造明确，直击主题；规划策略由大及小，由空间秩序至街区形象，能较好地体现规划规划素养。

7

考研
经验分享

7.1 湖南大学球球学姐考研经验分享

择校分析

择校考虑的因素很多，如地域、学校实力、自身实力等。对我来说，我想考专业实力强的985规划院校，并且考虑地域因素，最后选择了湖南大学。在定准目标院校以后，要制订自己的分数目标，根据我第一次考研失败的教训（初试排名靠后、复试被淘汰），本科专业不太占优势的同学要保证自己的初试成绩排名靠前，才有较大希望。同时，要结合自身特点进行练习，如自己擅长的是理论还是快题。综合来说，有一定的文字功底、理解能力强或者记忆力强的同学，可以选择考理论型的学校。湖南大学在2021年考前变更了快题考核形式，学硕取消了全图幅的快题设计，改为"3小时方案构思＋方案评析"，这也是继华中科技大学、武汉大学、四川大学后，又一个降低快题考核比例的院校。近几年，湖南大学初试进复试的分数线平均在330分以上，2022年复试线直接到了340分，所以要想考上这所学校，要尽量考到350分以上。

原理复习

湖南大学初试的原理题几乎没有重复，且近两年题目变化较大，融入了法规，出现了相近学科知识交叉的情况。所以，复习面要广，知识点运用要灵活，以不变应万变。参考书及资料包括《城市规划原理（第四版）》《西方城市规划思想史纲》《外国城市建设史》《中国城市建设史》，要报考学校的老师的研究方向的相关论文、规划热点等。根据复习经验，补充选读书目包括《中华人民共和国城乡规划法》、新版《城市居住区规划设计标准》、《城市用地分类与规划建设用地标准》、《城乡规划管理与法规》、《中国城市规划法规体系》、《经济地理学》等。

在时间安排上，我于3—5月完成第一轮复习，主要着重于基础学习，包括《城市规划原理（第四版）》《西方城市规划思想史纲》《外国城市建设史》《中国城市建设史》等，并整理框架；6—8月完成第二轮复习，主要是将之前学过的知识总结、浓缩，整理成之后的背诵资料，但由于8月要学快题，所以有效的复习时间多集中在前两个月；从9月中旬到11月中旬对之前学习过的知识进行了系统的回顾记忆，同时主要着重于答题训练，包括真题训练和论述题集中训练；从11月中旬到考试之前集中背诵准备好的复习资料，包括基础知识考点、热点专题资料、真题资料、论述题素材等，并进行反复复习、巩固，查漏补缺，同时开始模拟考试训练，以适应真实考试的节奏。

原理这门科目应该花大把时间来夯实基础，尤其因为湖南大学的题目来源广泛，出题灵活，所以，前期的基础知识积累非常重要。回顾整个过程，我在学习方法上存在一些问题，因此给出下面这些反思总结，希望能帮大家少走弯路：原理这门科目的相关知识点繁杂，没有必要对照教材逐字背诵，可以用顺口溜等方式巧妙记忆，同时要学会建立好学科知识体系，在知识框架内进行联系和拓展，做到事半功倍。另外，真题的作用很显著，要特别重视选择题（分值大，容错率低），湖南大学选择题考得比较细，每年的出题风格都不太一样。论述题可以集中训练，同时在训练和平时的阅读过程中也要多积累好词、好句及专业表达，以用作论述题的答题素材。

前期要进行基础训练，主要是进行抄绘。平时的积累主要包括抄绘建筑组团练习、方案构思练习等，特别是对建筑组团，如商业街、居住组团、办公组团等的联系，不仅要了解其建筑形态的组成，更要掌握常见的尺度。同时不能仅限于对快题的抄绘，实际方案的抄绘也十分有价值。

在8月要进行快题班集中训练，假期集训的时候，一定要按时完成当天的任务，并且及时总结、改图、复盘。快题评图是非常重要的，是方案不断进步的重要一步。同时，要学习别人的长处，比如配色、景观等，切记不能闭门造车。假期集训很辛苦，但是进行复盘是一个很有效的吸收过程，快题水平在这期间能够得到很大提升。9—12月，可以一周练习一套快题和复盘，以及考前模拟训练。一直到考前都要保持住画快题的手感，这样在考试的时候才能不慌不乱、从容应对。

逻辑是高分的关键。在湖南大学快题改革后，解题思路已趋向多元化，相对于传统的绘图表现，解题的思考过程更加重要，而这方面的思考往往通过策划体现。因此，如何展现策划的逻辑性，能够使方案自圆其说，体现自己的理解和思考，是快题拿到高分的关键。

另外，还要加强对所考院校的针对性训练。以湖南大学为例，近几年，专硕快题考查的是住区生活圈内容，但考试形式各不相同，近年增大了策划比例，因此需要在策划上多下功夫，形成自己的策划素材库。

总而言之，知己知彼，百战不殆，"道阻且长，行则将至；行而不辍，未来可期"。

7.2 厦门大学十七学姐考研经验分享

择校分析

关于择校，每个人的思考方向不一样，有些人优先考虑地域，有些人是就个人专业选择好的学校，有些人看学校排名等。这里分享一下我自己的思考方向，供大家参考。我本科就读于某211大学的人文地理与城市规划专业，想考一个比本科更上一个台阶的学校，所以选择了985学校，又因为自己本科专业是理学，所以考虑的学校的主要研究方向偏区域或地理类，不太会考虑向工科方向发展，以免在读研期间难以适应，这样就筛选掉了很多学校。另外，我之前参加过厦门大学的保研夏令营，见过一些导师和学长，比较喜欢学校的氛围，又加上厦门这座城市本身就具有魅力，最终选择了这所学校。大家可以基于自己的学习能力，同时参考一下分数线，再做决定。

原理复习

原理（即专业课一：城市规划基础，以下简称为"原理"）这门科目的资料包括《城市规划原理（第四版）》《中国城市建设史》《外国城市建设史》《西方城市规划思想史纲》《城市地理学》《交通规划原理（第二版）》。往年题型有10道名词解释题、5道简答题、2道论述题。

厦门大学的这个科目没有专门的辅导班，题目也比较难找到，所以没有具体的重点范围，这是复习的时候比较痛苦的地方，也就是要复习得比较全面。我在 7 月份之前看完了一整本的教材，做了一个简单的思维导图。这个阶段不需要记住里面的具体内容，但要大致清楚每一章的主要内容是什么。七八月份的空闲时间，看了《中国城市建设史》《外国城市建设史》《西方城市规划思想史纲》的视频课程，并做了笔记，尤其是一些需要记住的图。9 月份开始，要着重专业课内容的背诵，我是结合自己的大纲背诵的。厦门大学研究区域规划比较多，包括城市地理学和经济地理学的一些名词解释要多注意背诵。

热点的部分建议报一个网上课程，会有一些学长进行总结，比较全面，自己不用花太多的时间去找，多留一些时间背诵。

快题复习

我的快题主要是在辅导班学习的，春季主要练习抄绘，多积累一些比较优秀的组团，练习线条，打好基础。暑期连学了两期快题，跟着学长安排的进度。秋季报了一个对应学校的线上快题班，做有针对性的训练，每周画一次快题。

考试要学会把握全局，时刻提醒自己最后的评价标准是四门课程的总分，不到最后一刻，绝对不要放弃。我对自己的英语过于自信，并没有进行限时训练，最后反而是英语拖了后腿。一直让我焦虑的城市规划原理考得还不错，让我比较自信的快题也并没有得到理想的分数。所以，对每一门科目都不能太过于自信，也不需要妄自菲薄，一步一步踏实地往前走就行了。

7.3 中南大学潘学姐考研经验分享

择校分析

就我个人情况而言，我考中南大学的决心是比较坚定的。首先，我是湖南人，中南大学是从小扎根在心里的梦想。其次，中南大学综合实力强劲，为深入学习提供了广阔的平台。

中南大学城市规划专业以专硕招生为主，极少数学硕是在建筑学的方向下面，培养方式为全日制。中南大学近几年的复试线分数上涨较快，竞争比较激烈。2021 届院线为 370 分，2022 届院线为 365 分。录取人数波动不大，但高分选手逐年增加。

原理复习

中南大学的基本参考书目包括《城市规划原理（第四版）》《中国城市建设史》《外国城市建设史》《西方城市规划思想史纲》《城市道路交通规划》。

近几年，中南大学的原理题型分为选择题、名词解释、简答题、论述题。考查的内容主要是基础知识和热点，对常用的标准也有涉及，如用地分类标准、居住区规划设计标准等。题量适中，考试时有充分时间作答。

9月之前，要对考纲规定的书目进行全面阅读。重点是《城市规划原理（第四版）》这本书，看的时候在书上标画重点，并且学会整理框架，结合历年真题明确复习重点。我将历年真题用思维导图的形式进行了梳理，可以感觉出哪些知识点是重点考查部分，并且熟悉一些高频题。

9—11月进行反复背诵，可以根据自己整理的框架背诵，也可以根据辅导机构提供的资料背诵，往年真题也要反复背诵。同时，可以参加一些热点团的打卡，逐步训练自己的答题思维。

12月依旧是反复背诵，同时进行模拟练习，参加辅导机构的模拟考试，控制答题时间。中南大学近几年的论述题分值较大，所以在最后一个月要提升自己答题的逻辑性，切忌言之无物。背诵要一直坚持到考试前那一刻，并且要注意与专业热点知识融会贯通。

快题复习

建议大家报快题辅导班，特别是针对要报考的大学的快题班。可以参加暑假班和秋季班。在暑假班时，打下坚实的基础，对大部分快题类型进行系统学习，形成自己的风格。在秋季班时，对真题进行练习。中南大学的快题如果画得比较好，得分会比较高，近两年出现过很多130分、135分这样的高分，在考研中能起到决定性作用。

中南大学快题给出的地块大小一般是 10 hm^2 左右，内容为总平面图、鸟瞰图、分析图、设计说明、技术经济指标、用地平衡表等，大部分可以控制在 A2 图面内。前期一定要多注重快题抄绘，牢记一些规范，不犯原则性错误。后期要提升方案设计能力，同时提高自己的画图速度。

想取得一个比较满意的成绩，就必须保证自己没有很明显的短板，如公共课最好给自己定140分以上的目标，同时要突出自己的优势学科。我在快题方面还有一定的提高空间，这也成了自己的遗憾。所以，大家要加强理论和快题的学习，早准备、早背诵、多抄绘、多练习。

7.4 同济大学 T 学姐考研经验分享

择校分析

在择校中，较为重要的考虑因素有考研难度、学校地域与研究兴趣等。考研难度在一定程度上体现了院校实力，在查询报录比的时候要结合自身的实力，初步考虑考研成功的可能性以及为此需要付出的努力程度。学校地域和研究兴趣主要指的是研究生院校所在地区、自己希望生活的城市、对某个学科领域的兴趣等。

我的本科是人文地理与城乡规划专业，内容上更偏向于研究对象的分布格局、演变规律以及形成机制研究。我在本科学习四年后，对人居环境研究兴趣浓厚，而且希望进行更加关注城乡形态结构以及项目实践导向的城乡规划学习，在对比了往年的报录比并了解了备考过程后，决定报考同济大学的城乡规划学专业。

从原则上来说，同济大学规划系的学硕和专硕分别侧重于学术素养的提高与实践能力的加强，但是在实际培养过程中，二者在修读课程、学习年限、住宿条件等方面并没有显著的区别。不同师门的研究生的学习生活与毕业后读博（就业）导向的差异高于学硕与专硕之分，因此要在考虑自身兴趣与读研目的的基础上慎重选择报考的导师。

初试和复试

初试分数在同济大学城乡规划学考研中至关重要，从淘汰比的角度而言，复试可近似理解为一场通过性的考试，只要不犯原则性错误就可以通过。初试则具有极强的筛选性，对考生的知识积淀以及思维方式提出了较高的要求。

初试考查四个科目，固定的科目是政治、英语和专业课一（即上文提到的"原理"），可选的科目是专业课二（大多数考生选择城市规划相关知识，部分跨专业考生可根据原专业灵活选择）。政治和英语的满分都是100分，两门专业课的满分都是150分。除总分应不低于当年的分数线外，各科目也有自己的小分要求（近三年均为政治、英语60分，专业课90分），因此，应根据自身特长与分值比例合理确定目标分数，并分配复习时间，力求在有限的时间内拿到尽可能多的总分。

复试分为三部分，分别是城市规划设计快题、专业英语和专业综合素质面试。同济大学的快题比起图面表现，更加注重功能结构的组织，应做到熟记各类建筑与交通规范，掌握各类型地块的设计原则。专业英语则应准确记忆城乡规划专有名词的英文翻译，并且能对其中的部分名词给出英文释义。专业综合素质面试需要将初试的复习内容加以巩固，并充分准备针对个人情况的提问等。

原理与城市规划相关知识

原理主要考查的是对众多经典规划理论及实践的理解与迁移，要求考生从更加系统的角度对过往所学进行融会贯通。因此，相比于单个知识点，考生更应该注重的是思维方式的训练。我在复习这个科目的时候主要是对各子科目的所有知识进行了思维导图整理，其中涵盖了各章节的主要知识点、实际案例以及和其他知识点的联系。对于真题，我是在第一遍做的时候，串联之前复习的所有知识点，并结合学长给出的参考答案、研友的交流以及相关主题的论文进行完善，在第二遍的时候，逐渐形成熟练的答题思维，明确所有题目都涵盖的共识性内容和具体题目涉及的个性内容分别是什么。

城市规划相关知识考查得更多的是对《城市道路与交通规划》和《市政工程规划》两门课程中各项规范数据以及城市建设中相关问题的专业应对策略。如果说原理侧重于思考的深度的话，城市规划相关知识则侧重于识记的广度。我在复习这个科目的时候，主要对各知识点的定义、公式以及数据进行了分章节的背诵，并仔细阅读了《城市道路与交通规划》的上下两册，以加强对公式的理解，并弥补我本科未学过相关课程的薄弱点。对于真题的运用，主要是从客观题的知识点考查频率中识别重点背诵的章节有哪些，并且保证对已出过题的知识点熟记于心。主观题则和原理的复习方式类似，也是在两遍做题的过程中逐渐掌握答题的范式，以及针对具体题目展开某个角度的深入思考。

注意事项

在时间安排上，因为考研的同学复习的开始时间与总时长不一，所以相比于具体的月份进度来说，轮次安排更为重要。个人认为考研的复习至少要经过3轮：第一轮是阅读课本以及整理知识框架；第二轮是试做真题以及填充知识框架的横向联系与纵向拓展；第三轮是熟练运用解题思路并且训练考场感觉（我的三轮用时分别是 1.5 个月、1.5 个月、1 个月，其他同学可根据自身情况增减各轮次所用时间）。具体到各轮次的单日时间划分，最好固定不变，可以在相应时段完成确定的科目复习安排，减少不必要的犹豫以及时间调整。

个人认为，考研成功至关重要的两个因素是接受不完美以及坚持不懈。前者主要体现在不刻意追求单个题目（或者知识点）的精益求精，而是从具体轮次乃至单日的任务总量的角度出发，考量所有题目的完成度；后者指的是在复习时间短、进度严重滞后、跨专业基础薄弱、与研友对比落后等导致的负面情绪频繁出现的情况下，仍能有效地保证学习状态，并以"考完试就是胜利"的心态坚持走完整个考研历程。

每日复盘以及罗列任务清单对复习效率的提升是十分重要的。复盘可以帮助自己正视在规定任务完成度、试题训练正确度等方面的不足之处，进而纠正时间安排、复习重点设置、真题训练方式等方面的错误习惯，并在此基础上提出符合自身特性的新一天的任务清单，从而让自己在有限的时间内获取尽量多的分数。

考研没有高不可攀的院校，更没有绝对正确的方法，每位考生都具有独特的科研追求与学习习惯，最重要的是能找到适合自己的目标与方法，并且坚定地走下去。祝大家都能勇敢追求并实现自己的梦想。

附　录

快题考试常用工具一览表

名称	性质	图片
铅笔	在手绘中，铅笔多用于打底稿和勾勒草图。使用铅笔或者自动铅笔的时候要选择 2B 或更粗的铅芯	
针管笔	针管笔是手绘中最常用的勾线笔。一次性针管笔画出的线条流畅、顺滑。一般选用 0.1—0.3 mm 的笔头即可。选择针管笔的时候，出墨的顺滑度非常重要，并且要具备防水性	
钢笔	钢笔的使用体验远远差于一次性针管笔，因为快速画线的时候，钢笔容易断墨，而且画的时候对笔尖的角度也有要求，灵活度不如针管笔。但是在画建筑草图等需要很硬朗的线条时，钢笔具有独特的效果	
马克笔	马克笔是练习手绘的重点。马克笔色彩明快、携带方便、使用简单，诸多优点使其成为手绘上色最重要的工具。马克笔品牌众多，选择的时候要从颜色、墨量、环保性及后期续航几个方面考虑	
彩色铅笔	彩色铅笔通常作为马克笔的过渡工具使用，可以弥补马克笔颜色的不足。彩色铅笔还可以作为主要的表现工具，对效果图进行上色，从而达到不同的表现效果。彩色铅笔分为水溶性和非水溶性两种。水溶性彩色铅笔笔触颗粒比较大，但是色彩更好。非水溶性笔尖较硬，使用更方便，但是色彩略弱于水溶性彩色铅笔。针对空间设计使用的彩色铅笔并不需要太多颜色	
高光笔	在绘制效果图的最后一步，可以用高光笔在画面高光的地方点缀，能够使画面的表现力更强。高光笔可以选择覆盖力强，并且能够速干的类型	

152